AF325501

LE
NOUVEAU GUIDE
DU
FERMIER.

Par Léocade DELPIERRE.

» Au Maître des Saisons , adresse donc tes vœux !
» Mais l'art du Laboureur peut tout après les Dieux.

VIRG. GÉORG.

ÉDITION CORRIGÉE.

A CHATEAUROUX,

DE L'IMPRIMERIE DE BAYVET.

1825.

A SON EXCELLENCE

CHARLES STUARD,

DUC DE BERWICK

ET D'ALBE.

Monsieur le Duc,

En me permettant de mettre votre nom à la tête de mon ouvrage, c'est un honneur qu'il ne peut mériter; mais c'est me donner le moyen de rendre publique ma reconnaissance pour les bontés dont vous m'avez comblé.

Il y a de la témérité à vous dédier mon livre. En joignant à l'amour des sciences, comme vous le faites, une connaissance approfondie de l'ad-

ministration de tous vos biens en Europe, vous êtes sans doute un des meilleurs appréciateurs d'un ouvrage sur l'économie rurale. Les illustres maisons de STUARD et de TOLÈDE dont vous êtes issu, et que vous représentez si bien, ont fourni à l'histoire des Princes dont elle se plaît à recommander la mémoire. Digne descendant de CHARLES Ier, on se plaît à en admirer en vous les vertus et les généreux sentimens, et c'est dans votre bon cœur que j'espère trouver l'indulgence dont j'ai besoin.

Daignez agréer, MONSIEUR LE DUC, les vœux que ne cessera de faire pour votre prospérité,

Votre très-dévoué serviteur,

DELPIERRE.

PRÉFACE.

Pourquoi publier un livre sur
l'agriculture ? N'en existe-t-il pas
assez de très-bons , peut-on dire ?
Néanmoins , j'ai cru , comme tous
les auteurs en pareille circonstance , qu'il y avait , sur le sujet
que j'ai traité , des choses nouvelles à dire , ou , au moins , à
présenter sous une perspective
plus avantageuse. Puissé-je avoir
bien vu ! puissé-je , d'après mon

expérience sur la culture des champs , avoir donné quelques conseils utiles aux personnes qui veulent s'y livrer.

~~~~~~~~~~~~~~

☞ Tous les vers des citations avec des guillemets , sont tirés de la traduction des G<span>EORGIQUES</span> de *Delille*.
~~~~~~~~~~~~~~

LE NOUVEAU GUIDE DU FERMIER.

CHAPITRE PREMIER.

De l'Agriculture.

L'histoire de l'Agriculture serait une lecture intéressante pour les personnes qui aiment les travaux de la campagne ; mais la naissance et les premiers progrès de cet art sont inconnus , et les auteurs anciens, qui nous en ont laissé des traités, nous le présentent dans un état de perfection qui lui suppose déjà bien des siècles d'existence.

Les débris des monumens anciens trouvés en Égypte, font présumer que les peuples de cet ancien royaume ont eu la gloire de former une des premières nations civilisées. Les restes de leurs lacs et réservoirs, et de tous les travaux dont ils se sont occupés pour leur gloire, ou pour rendre leur pays en état d'alimenter une grande population, prouvent qu'ils sont parvenus à un degré d'industrie qui doit singulièrement émerveiller les nations modernes.

C'est à l'imitation des Égyptiens que les Grecs, dont l'imagination savait unir à leur religion tout ce qui les intéressait, ont créé des divinités pour chaque partie de l'agriculture. Cérès, déesse des moissons, leur avait appris l'art de cultiver les blés; Bacchus, celui de cultiver la vigne ; Triptolème, celui de diriger la charrue. Sterculus, chez les Romains, fut le dieu des engrais, dont il avait montré l'influence sur la fécondité des terres ; Numa fut aussi mis au nombre des dieux , pour avoir appris l'art de réduire en gruaux le grain des plantes céréales ; et tous ces personnages , si célèbres dans la Fable , ne furent vraisemblablement que des citoyens déifiés par la reconnaissance publique.

Nous n'avons pas plus d'indices sur l'origine des premiers instrumens aratoires , que sur les premières opérations manuelles de l'agriculture. L'histoire nous apprend seulement que les Romains , vers les derniers temps de la république , firent usage de la charrue à roues , qu'ils tirèrent de la Gaule Cisalpine , mais sans nous dire si les habitans de ce pays l'inventèrent , ou s'ils ne furent que les imitateurs d'autres nations.

» De huit pieds en avant que le timon s'étende ,
» Sur deux orbes roulans que ta main le suspende.

M. Reigner dans son Économie politique et rurale des Anciens, pense que les Celtes, avant la conquête des Gaules par Jules-César, avaient une agriculture plus perfectionnée que celle des Romains. Ses recherches sur les lois des anciens peuples et les faits que lui fournissent les auteurs de leur histoire, sembleraient donner du poids à cette opinion. Mais cela ne nous donne pas mieux à connaître l'origine et les premiers progrès de l'agriculture. Elle était pourtant un des premiers objets de la vénération des anciens ; et il est probable que c'est principalement à cet amour pour le séjour de la campagne et les travaux des champs, qu'ils durent la pureté de leurs mœurs, l'union des citoyens, l'équité des lois, et, par conséquent, la liberté politique.

Le corps social entier honorait l'agriculture, et les premiers magistrats ne se trouvaient pas avilis d'en faire l'objet de

leurs soins. Dans les temps plus rapprochés, où les mœurs et les goûts n'étaient
plus aussi simples et aussi purs, l'agriculture avait pourtant encore conservé
presque toute l'estime et la considération
qui lui est due. Dans sa retraite à Scil-
lonte, Xénophon l'enseigna publique-
ment; le roi Hyéron, le jeune Cyrus et
beaucoup d'autres princes s'en sont également occupés. Yo, empereur de la
Chine, composa un Traité d'agriculture,
et les souverains de ce vaste empire ont,
de tout temps, cultivé la terre dans des
fêtes annuelles, pour démontrer à leurs
sujets et à tous les officiers de l'empire,
que l'agriculture est la plus noble et la
première profession de l'État. Les Romains, malgré leur amour pour la guerre,
n'eurent pas moins de considération pour
elle. Le plus grand éloge, dit Caton,
qu'on puisse faire d'un honnête homme,
c'est de l'appeler bon laboureur. Les

tribus de la campagne renfermaient à peu près tous les gens de bien, et jamais, sous la république, celles de la ville ne jouirent de la même estime.

Les premières maisons de Rome, les Lentulus, les Fabius, etc., tiraient leurs noms des légumes dont leurs ancêtres avaient enseigné la culture; et dans cette fameuse république qui se rendit bientôt l'arbitre du monde, souvent les premiers magistrats et les chefs des armées étaient tirés du sein des travaux champêtres. Cela était si général, qu'il y avait même des messagers particuliers, nommés *viateurs*, pour aller chercher dans les champs ceux que le Sénat destinait à commander les armées.

L'ouvrage de Magon, sur l'agriculture, fut un des monumens de Carthage vaincue, qui parut intéresser le plus les Romains; et les sénateurs prirent soin de le faire traduire. La république ne tarda pas

produire elle-même de bons auteurs.
aton, Varron, Columelle, Virgile, Pline
nt publié d'excellens principes d'agro-
omie, dont la pratique, exécutée par
s premiers citoyens, faisait produire à
tte campagne de Rome, insuffisante
aintenant pour une faible population à
mi-monacale, des récoltes qui nour-
ssaient une pépinière toujours crois-
nte de républicains.

Mais cet ordre de choses ne dura pas.
es subsistances étrangères que les bril-
ntes conquêtes de la république intro-
uisirent dans Rome, et les immenses
chesses que ces conquêtes procurèrent
ıx vainqueurs, firent transformer en
ılais et en jardins d'agrément une partie
ı territoire d'Italie, où il fut aban-
onné aux soins des esclaves et des mer-
naires.

Aurélien, Théodose, et plusieurs au-
es princes zélés pour le bien public,

voulurent redonner aux travaux de l'agriculture , de la vie et de la considération ; mais les habitudes étaient changées ; et les vrais principes, d'une bonne culture, oubliés , auraient exigé , pour reprendre faveur , tout le zèle des citoyens qui n'existaient plus ou dont la vie était trop efféminée pour revenir à la simplicité des mœurs qu'il faut à l'homme de la campagne.

En vain s'était-il conservé quelques pratiques raisonnables dans les provinces de l'Empire. Les Barbares , qui succédèrent aux Romains , achevèrent bientôt la ruine de l'agriculture ; et leurs préjugés , la bizarrerie de leurs lois , les droits féodaux , la chasse , l'usage du parcours , transformèrent en déserts les campagnes les plus fertiles.

Cependant , après des siècles d'anarchie et de brigandages, les souverains sentirent la nécessité d'accorder des droits communaux, pour affranchir les peuples du joug de la féodalité, et pour s'en faire un appui contre la rébellion journalière des seigneurs. Rendus à la liberté, les peuples redevinrent plus actifs; et leurs premiers soins, à l'imitation des anciens dont quelques écrits avaient surnagé au désastre des nations, les portèrent vers la culture des champs, qui doit précéder toute espèce d'industrie, parce qu'elle en est la base principale.

Dans ce nouvel ordre de choses, la Flandre, jouissant la première de beaucoup de liberté politique, fut aussi la première à se distinguer; et, jusqu'à ce jour, elle a conservé sa supériorité.

L'on prétend que c'est un nommé *Hartlib*, réfugié polonais, qui, des Pays Bas où il s'était instruit, ayant passé en Angleterre, y jeta les premiers

fondemens des bons principes d'agro-
nomie qu'on y pratique aujourd'hui.

La France avait un territoire trop
étendu, et trop peu d'unité dans ses
lois et dans ses mœurs pour que l'exemple de la Flandre y fût imité d'abord généralement; mais plus tard, les écrits
d'Olivier de Serres, le ministère de Sully,
l'ouverture de plusieurs canaux et la dé-
couverte de l'Amérique, qui, par ses
colonies, a procuré un débouché favorable à toutes les productions de l'Europe, ont fait faire à l'agriculture, en
France, des progrès assez rapides.

L'établissement des douanes entre chaque province, inventé ou renouvelé sous
le règne de Louis XIV, dans la fausse
idée qu'il permettait d'augmenter la masse
des impositions, et la prohibition en
1702, 1705, et sous la régence du duc
d'Orléans, du commerce des grains,

ont été de nouveaux obstacles à l'amélioration de l'agriculture. Les écrits des
économistes portèrent, en 1754, les
ministres de Louis XV à rompre enfin
toutes ces barrières impolitiques : alors
l'agriculture, ainsi que les autres branches
du commerce, a repris une nouvelle vigueur, et la France s'est trouvée dans
une sorte d'opulence bien remarquable :
circonstance qui aurait pu offrir à des
monarques plus fermes, moins faciles
et plus politiques que Louis XV et
Louis XVI, les moyens d'entreprendre
avec succès, et en satisfaisant toutes les
classes de citoyens, une réforme nécessaire dans la constitution de l'État, et
l'amortissement d'une énorme quantité
de dettes contractées en dépit de tout
principe raisonné, et qui ont menacé
et qui menacent peut-être encore malheureusement d'une ruine totale plusieurs
des dynasties de l'Europe et le patrimoine

de grand nombre des premières familles.

Si ce n'est en Toscane, principalement sous le règne de Léopold, et dans
quelques autres petits cantons, l'Italie
n'a pas obtenu, en agriculture, le même
succès que les autres parties de l'Europe.
L'Espagne n'a offert non plus que l'éducation des mérinos : objet important, à la
vérité, mais si mal administré, les propriétaires ayant laissé, pour la nourriture de leurs troupeaux, la plus grande
partie de leurs domaines en vaines pâ-
tures, ou plutôt en jachères perpétuelles,
si mal administré, dis-je, qu'il a plutôt
contribué à la ruine qu'à la prospérité du
territoire. Il n'est pourtant guère de pays
en Europe qui offre plus d'avantage. La
culture du froment, de l'orge, du maïs,
du coton, et même de la canne à sucre,
pourrait y avoir de grand succès. L'Alle-
magne, au contraire, présente générale-

ment une culture soignée. La Suède ainsi
que le Danemarck, malgré la rigueur de
leur climat, offrent, suivant le rapport
des voyageurs, des campagnes bien cultivées. La Russie, ce peuple encore si
nouveau, n'annonce pas non plus vouloir rester en arrière ; et si plusieurs de
ses vastes et froides provinces sont en
core cultivées par des serfs demi-sau-
vages, le gouvernement a montré plus
d'une fois l'intention d'y remédier, en
se rapprochant des idées libérales, si
favorables à l'industrie. La culture du
lin, du chanvre et des céréales, pratiquée avec soin sur les bords du Volga et
de la Kama, l'excellence du territoire de
l'Ukraine, dont la population s'accroît
journellement, peuvent faire présager
qu'un jour la Mer Noire et la Baltique
pourront recevoir beaucoup d'objets d'ex-
portation, et principalement des cordages, des toiles et des grains ; qui trou-

veront toujours, dans le monde civilisé, un débit avantageux.

Quoi qu'il en soit, l'agriculture de tous les pays de l'Europe, si ce n'est dans quelques communes particulières, en Flandre et dans un petit nombre des comtés de la Grande-Bretagne, est encore susceptible d'une amélioration considérable. Mais les sociétés d'agriculture qui se sont formées dans les départemens, et les propriétaires instruits qui ont fait valoir leurs domaines depuis la révolution de France, ont répandu des lumières, et commencé, dans notre patrie, d'heureuses innovations, qui se propagent tous les jours avec de nouveaux succès. Heureux si nous pouvons conserver nos lois civiles ; heureux si le système des substitutions, soutenu par un sot amour-propre et une fausse vanité, ne vient pas entraver, dans les familles, l'égalité dans les partages : égalité qui est indubitablement l'un des

principaux fondemens de l'industrie. Car
étant plus restreint dans son héritage,
puisqu'il est partagé entre tous également, chacun cherche à l'augmenter par
son travail, et par les soins qu'il est
forcé d'en prendre, s'il veut accroître et
même soutenir sa fortune.

CHAPITRE II.

Du Cultivateur.

L'ÉTAT du cultivateur, comme le dit Cicéron, est le plus approprié à la dignité de l'homme, et celui qui le conduit le plus sûrement au bonheur. Les Européens, imbus des préjugés des peuples guerriers et barbares du Nord, qui jadis les ont subjugués, ont méconnu long-temps cette vérité; et il a fallu de grandes calamités pour la leur rendre sensible, en les obligeant de se retirer à la campagne et de s'adonner à la culture de leur propriété.

Dans le rétablissement de l'ordre social qui s'exécute depuis quelques années, peut-être est-ce encore un malheur, pour les mœurs publiques et les progrès de l'agriculture, qu'on veuille de nouveau s'éloigner des champs pour courir, dans les villes, après de vains plaisirs, une fortune chimérique, une gloire souvent fausse, et que d'ailleurs un très-petit nombre de personnes peuvent acquérir.

» Ah ! loin des fiers combats, loin d'un luxe imposteur !
» Heureux l'homme des champs, s'il connaît son bonheur !
. . . .
» Auprès de ses égaux passant sa douce vie,
» Son cœur n'est attristé de pitié ni d'envie
. . . .
» SON champ nourrit l'état, ses enfans, ses troupeaux,
» Et ses bœufs, compagnons de ses heureux travaux.
. . . .

Dans la petite culture, les cultivateurs se rapprochent de la classe des artisans et même des manouvriers ; mais, dans les grandes exploitations, ce sont des espèces de manufacturiers, dont l'occupation est d'ordonner et de surveiller les travaux de leur ferme. Cet état, qui exige une grande avance de capitaux, ne peut être entrepris que par un homme de bien, et devrait toujours être honoré. Malheureusement il est encore peu de cultivateurs qui aient reçu une éducation soignée ; et ce défaut, en les privant de la plus essentielle partie des connaissances nécessaires à leur état, en les privant de la considération dont ils devraient jouir, n'a pas peu contribué à les faire regarder avec une sorte de mépris que l'agriculture a long-temps partagé ; ce qui a nui beaucoup à ses progrès.

L'instruction du cultivateur est donc une chose essentielle. L'on regarde comme supérieure l'agriculture de quelques nations étrangères : cela ne tient qu'aux lumières des personnes qui l'exercent ; et jamais nous ne tirerons parti de toute la richesse de notre territoire, tant que nous n'aurons pas également une masse imposante de citoyens éclairés qui professeront l'agriculture et serviront d'exemple. Pourquoi celle de l'Amérique fait-elle de si grands progrès ? c'est qu'elle est dirigée par les premiers citoyens, qui s'y appliquent d'autant plus volontiers, qu'elle leur donne de la considération.

L'étude des lois et des réglemens qui concernent les biens ruraux, doivent particulièrement intéresser le cultivateur. La botanique est encore pour lui une étude très-convenable. Je voudrais qu'il connût au moins toutes les plantes qu'on peut cultiver ou qui croissent spontanément dans son pays : leur variété offre un heureux choix pour tenir toujours les terres en rapport ; et celles qui croissent naturellement, qui salissent ou infectent les récoltes, demandent aussi une attention particulière ; car elles nuisent non-seulement aux objets cultivés parmi lesquels elles se trouvent , mais encore , comme nous le verrons par la suite , plus ou moins aux récoltes subséquentes, suivant le rapport qu'elles ont avec elles. Un peu d'anatomie ne serait pas inutile au cultivateur ; par ce moyen , il connaîtrait mieux les causes des maladies des animaux.

Il doit , par le moyen des engrais et des amendemens , savoir porter ses terres à leur *maximum* de rapport , être souvent matinal , s'assurer par lui-même de l'exécution de tout ce qu'il ordonne , et changer ses momens de surveillance , afin de n'être jamais prévenu ; épier les beaux jours, et profiter , pour les labours, les semis et les récoltes, de tous les instans favorables ; veiller à ce que les attelages ne soient pas surchargés , et que pourtant ils exécutent , par un pas uniforme, tout ce qui ne peut excéder leur force. Il doit veiller au battage des grains avec la plus grande exactitude, tenir ses granges et ses greniers toujours fermés, pour que les domestiques n'y puissent rien gaspiller ; enfin, s'instruire du cours de tous les objets de la culture, pour vendre à propos ; avoir des registres pour les recettes et dépenses, afin de se rendre compte de tout, et de voir assez à temps, pour y remédier, les vices qui pourraient s'introduire dans son administration.

Après les soins du fermier, l'intérieur de la ferme a besoin d'une ménagère intelligente ; et pour en donner l'idée, nous ne pourrions mieux faire que de rapporter ici l'histoire d'une bonne fermière, dont la mémoire est encore en vénération dans une de nos meilleures provinces agricoles.

Angélique, c'est ainsi qu'elle se nommait, avait reçu dans la capitale, une éducation distinguée ; son mari tenait

 sa naissance d'un cultivateur. Le séjour
de la ville, ne leur présentant pas une
existence heureuse, les fit retourner à la
culture de la terre. Ils louèrent une petite
ferme ; et sachant que l'esprit et la bonne
volonté peuvent suppléer à tout, Angélique se mit avec courage à la tête des
détails domestiques de son exploitation.

Elle crut d'abord nécessaire de prendre
à son service une fille qui avait la ré-
putation de bien connaître les soins d'une
basse-cour. Cette fille, grande travail-
leuse à la vérité, fut pourtant loin de
remplir les vues d'Angélique : elle avait
servi dans des maisons où les maîtresses,
toujours occupées de leurs plaisirs, aban-
donnent aux seuls soins des domestiques,
souvent mal choisis, tous les détails in-
térieurs. Les vaches, et autres bêtes qui
concernent la ménagère, étaient nour-
ries sans ordre, ni régularité ; les bêtes
laitières étaient rarement traites à fonds,

souvent à des heures différentes , et per-
daient , par cette raison , une partie de
leur lait ; les crêmes se corrompaient en
séjournant dans des vases des semaines
entières ; le beurre était sans qualité ; les
fromages, dressés dans des moules lavés
sans soin , devenaient ou d'une âcreté
repoussante , ou bientôt la proie des
vers ; et ce qui doit paraître singulier à
ceux qui ne connaissent pas la malpro-
preté et l'entêtement de la plupart des
paysans , c'est que maintes personnes ,
auxquelles Angélique en parlait , lui as-
suraient que la nature du pays et de ses
herbages s'opposerait toujours à la perfection de tous les produits de sa laiterie.
Enfin , ne pouvant tirer aucune instruction de ce côté , elle eut recours à la
théorie , qu'elle joignit à l'expérience
de chaque jour. Messieurs Deyeux et
Parmentier lui furent d'un grand secours ; et bientôt ce qu'elle fabriqua

dans sa laiterie , eut toutes les qualités désirables.

Les valets de la ferme étaient bien nourris et bien soignés. Étaient-ils exposés dans les champs à de grandes fatigues ou aux injures du temps , c'était une chose vraiment touchante que de voir Angélique s'empresser à leur envoyer des secours ! Enfin , les malheureux étaient tous l'objet de sa sollicitude ; et sa bonté , la douceur et la régularité de ses mœurs , inspiraient pour sa maison un respect extraordinaire. S'il est arrivé quelquefois à de mauvais sujets d'aller lui demander du travail , et d'en obtenir , faute d'être connus , ils se sont toujours élevés d'abord au ton de la maison ; et lorsqu'ils n'ont pu s'y maintenir , ils ont vu que le meilleur parti pour eux était de se retirer , avant d'avoir mis leurs penchans à découvert.

Angélique n'était pas seulement une

bonne fermière ; les soins de la portion
de la ferme qui la concernait ne l'empê-
chèrent pas de diriger l'éducation de ses
enfans d'une manière exemplaire. Enfin,
on eût dit qu'Angélique, qui, pourtant
était l'ame de tout chez elle , ne voyait
que par son mari , ne respirait que pour
lui plaire ; et celui-ci , touché d'une
amitié si tendre , ne trouvait son zèle
et ses travaux utiles , que pour ajouter
au bonheur de celle qui savait faire le
charme de sa vie.

CHAPITRE III.

Des Fermes, et de leurs Dépendances.

Est-il avantageux que l'agriculture soit dirigée en grand dans des fermes considérables, ou importe-t-il au bonheur public qu'elle le soit en détail par la masse des habitans de la campagne ? Cette question, plusieurs fois agitée, a trouvé, comme beaucoup d'autres objets d'agriculture, les opinions partagées.

Les uns ont prétendu que les grandes exploitations étaient très-avantageuses ; qu'elles nécessitaient directement peu de consommation par l'exploitant, et qu'elles fournissaient, en conséquence, pour les marchés, une plus grande quantité de denrées ; que les gros fermiers, souvent

en possession de beaucoup de capitaux ,
conservaient souvent de grands magasins
de grains , et qu'alors ils mettaient , sans
frais , la nation hors de la crainte des
disettes , pendant les années dont les récoltes étaient malheureuses. Les autres
ont dit : « Les anciens connaissaient peu
ces grandes exploitations , et nous som-
mes loin de voir qu'ils aient eu plus de
peine que nous à faire leurs approvision-
nemens. Dans les grandes exploitations
rurales, le riche, qui se trouve seul de
sa classe , règle les salaires à son gré ;
s'il y a abondance d'ouvriers , il fait
travailler à vil prix : on envie son sort ;
c'est à lui qu'on attribue son infor-
tune ; on le déteste ; on cherche à le
tromper ; et bientôt les campagnes ne
sont composées que de gens avilis , que
de mercenaires , que de fripons et de
maîtres sans pitié. Dans les petites exploitations , chacun a des bestiaux , et ,

par conséquent , les engrais y sont très-multipliés : aussi, la jachère y est presqu'entièrement hors d'usage. Dans les campagnes, où cet heureux mode de culture est établi , les paysans , moins humiliés, sentent mieux la dignité de l'homme : riches en denrées, leurs basses-cours remplies d'élèves , ils fournissent pour les villes une foule d'objets divers ; ils se nourrissent mieux que les mercenaires; ils deviennent donc plus nerveux , plus robustes ; et la patrie peut trouver parmi eux des citoyens capables de défendre l'État et de supporter les fatigues de la guerre. »

Il est des pays qui tirent l'opulence et le bien-aise de tous les citoyens, d'un grand morcellement de propriétés. Cela est incontestable ; mais c'est que toutes ces petites propriétés sont cultivées directement par les mains de ceux qui les possèdent, et qu'elles sont dans un pays où l'esprit public est tourné vers les améliorations. C'est là principalement que plus la famille devient nombreuse, plus elle a d'industrie, plus elle cultive d'objets variés, et mieux l'agriculture alors peut alimenter de toute chose, les marchés environnans.

Cependant, les riches propriétaires doivent désirer de plus grandes portions de terre pour chaque exploitation, afin d'avoir moins de détails, moins de maisons et de fermes à entretenir, et plus de facilités pour choisir des locataires solvables. Au reste, si le petit cultivateur fournit avec bénéfice pour lui beaucoup d'objets variés, en graines et légumes, pour alimenter les marchés de sa province, c'est qu'il se livre par lui-même au travail manuel, et qu'il trouve sans cesse de l'occupation pour tous les individus de sa famille. Dans la grande culture, le même genre de travail, fait par des mercenaires , gens de journées , devient très-onéreux. L'agriculteur d'une grande exploitation , doit se livrer , avec des instrumens forts et expéditifs , à des cultures principales d'objets peu variés , et de première nécessité pour l'approvisionnement des grandes villes. Que deviendrait la halle aux farines de Paris , si elle ne trouvait pas les grandes fermes de la Beauce , de la Brie et de la Picardie , pour remplir ses magasins ?

Les auteurs qui ont agité la question sur les avantages de la grande et de la petite culture , en excluant l'une ou l'autre , ont donné, suivant nous, une faible idée de leur connaissance en économie politique. Celle-ci les réclame toutes les deux , et principalement pour les grands États, comme la France. Il y faut tous les genres mixtes, dans les propriétés, comme dans les conditions et dans les lois.

Quant aux bâtimens nécessaires pour les grandes exploitations rurales, il faut tâcher de n'avoir, dans leur voisinage, ni marécage, ni eau croupissante, et rechercher toujours un air frais et salubre.

Une ferme est assez bien composée avec quatre grands corps de bâtimens, formant un quadrilatère : 1.º la maison et ses dépendances ; 2.º les écuries et les étables, avec des greniers à fourrage au-dessus ; 3.º les bergeries, aussi avec des greniers à fourrage ; 4.º les granges.

L'entrée de la ferme doit être à côté d'un des angles de la cour, à la gauche ou à la droite de l'habitation du maître, et près de la cuisine, afin que les étrangers n'aient pas de prétexte pour parcourir la cour avant d'entrer à la maison, et de faire connaître ce qu'ils ont à demander.

Une maison de ferme, qui peut être

convenablement exposée au midi, ayant ses entrées vers le nord, doit essentiellement contenir : caves, laiterie en forme de caveau, pour maintenir de la fraîcheur dans l'été, et une douce température dans l'hiver; cuisine, salle à manger, et cabinet de maître, disposé, autant que possible, pour que de son intérieur on puisse voir tout ce qui se passe dans la ferme; un escalier particulier pour conduire aux chambres à coucher, et un autre pour conduire aux chambres à grains, qui doivent être grandes et avoir beaucoup d'air.

Sur le côté de l'occident du corps de ferme, se trouveront les écuries et les étables, avec leurs entrées vers l'orient, exposées au vent frais le matin, et à l'ombre l'après-midi, afin que les bestiaux ne soient pas incommodés des grandes chaleurs.

Les granges seront sur le côté de l'orient ; les bergeries sur le côté du nord, ayant par conséquent leurs entrées vers le midi : les bêtes à laine, ne devant être renfermées que pendant l'hiver, n'ont rien à redouter de cette exposition.

Il serait toujours à désirer que les quatre grands corps de bâtimens qui doivent composer une ferme, fussent séparés, parce que, dans le cas d'un incendie, on pourrait espérer d'en diminuer les ravages.

Les bergeries doivent offrir un espace, au moins, de neuf à dix pieds carrés par bête à laine. Les murs y doivent toujours être bien crépis et dégagés de rateliers. Ceux-ci à doubles rangs, ayant, autant qu'on le peut, de petites auges par dessous, jointes à la pièce du fond, pour retenir les fanes du fourrage qui pourraient tomber, et pour donner les provandes et les légumes en racine, doivent être suspendus dans le milieu du local, élevés de

manière à ce que les bêtes ne puissent
pas, en passant dessous, s'y frotter, et
perdre leur laine. Les barreaux des rateliers doivent être espacés de quatre à cinq
pouces, suivant la grosseur de la tête des
moutons qui doivent y tirer le fourrage.
Il faut, par de larges croisées, garnies
de forts barreaux défensables contre les
bêtes féroces, tenir un courant d'air dans
les bergeries, afin d'en dégager le gaze,
et d'en balayer les exhalaisons méphi-
tiques. Pour remplir cet objet, il faut
que ce courant d'air soit bas; mais pourtant un peu au-dessus des bêtes qui
pourraient aussi en être incommodées.

On ne peut trop recommander de bons
plafonds, quand il y a des planches dans
les bergeries, afin qu'aucune ordure, ni
paille, ni fane de fourrage, ne tombent
sur le dos des bêtes, et ne salissent leurs
toisons.

Les murs par le bas, doivent être

crépis avec un très-grand soin, et les fondations bien garnies de mortier entre les pierres, et sans laisser des interlices où la vermine pourrait se loger, et principalement la musaraigne, espèce de rat de la grosseur d'une petite souris, ayant le museau très-alongé. M. Bosc, dans le nouveau Cours d'agriculture, pense que cet animal n'est point dangereux : il se trompe. Depuis quatre ans, j'ai perdu une vingtaine de brebis par le fait de la musaraigne, et j'ai encore aujourd'hui, dans les troupeaux que je gouverne, contenant entre autres douze cents bêtes portières, trente et quelques brebis qui, après avoir surmonté le mal, sont restées avec une seule tetine, ayant perdu l'autre par la morsure ou le pincement de cet animal, qui est extraordinairement vénimeux. Il vit ordinairement dans les bois. L'hiver, il se refugie souvent dans les bergeries ou autres locaux où il peut

trouver de la chaleur. Il tête les brebis ;
cause une enflure extraordinaire dans tout
le pis, et dans les parties qui l'environ-
nent, et très-souvent la mort de la brebis
en est la suite la plus prompte.

Les granges voûtées, si la construc-
tion n'en était trop dispendieuse, avec
des aires bien entretenues, seraient de
la plus grande utilité. La vermine, dans
ce cas, s'y introduirait difficilement, et
on pourrait la détruire chaque fois qu'on
viderait les bâtimens. Quant à leur dimension, si elles peuvent contenir le tiers
de la récolte, nous estimons qu'elles sont
suffisantes, attendu, comme nous l'expli-
querons en parlant de la rentrée des blés,
que les meules ou gerbières peuvent suppléer pour le reste. Dans le midi, on n'a
pas ou très-peu besoin de granges, attendu que le blé se bat ou se *dépique* immédiatement après la récolte, et presque
toujours dans le champ même qui l'a pro-

duit. Les pailles et les litières sans liens, se mettent en meules. Quoique plus pleines et plus dures que celles du nord, étant presque toutes remplies d'une substance médulaire, on les foule et on les entasse avec assez de solidité, pour rendre les meules impénétrables aux eaux pluviales.

Toutes les terres qui côtoyent des chemins publics, devraient toujours être bordées d'arbres. Le midi de la France est, à cet égard, d'une nudité affreuse. Cependant l'olivier, l'oranger et le figuier, si utiles et si agréables à l'œil, y prospéreraient. Dans nos pays de montagnes, au nord comme au midi, le châtaignier serait une ressource précieuse. Dans les environs de Paris, on plante ordinairement des ormes pour border les chemins publics. Dans les promenades, on les forme en éventail avec le croissant; et sur les routes, on les ébotte tout le long du corps. Ce mutilement les rend hideux, et détruit tout l'ombrage qu'ils devraient procurer aux voyageurs. Pourquoi ne point les abandonner à leur forme naturelle, si belle lorsqu'on prend seulement le soin d'en corriger quelques écarts? Dans les promenades de la ville, à Toulouse, on y voit des ormes, et à Perpignan, des platanes ainsi dirigées, qui sont d'une beauté et d'une majesté ravissantes. Ce qui décourage aussi les propriétaires de planter les bords des chemins publics, c'est souvent le peu de succès qu'on obtient de l'ignorance des planteurs. Il faut bien se pénétrer que dans tous les terrains médiocres, on ne peut en espérer, si on n'a pas le soin d'ouvrir de bonnes tranchées dans toutes les lignes de plantations, et si l'on ne fait pas ensuite le choix de son plant avec intelligence.

CHAPITRE IV.

Des Terres.

PLUSIEURS auteurs ont cru pouvoir classer les terres, par rapport à leur qualité, en les divisant par leurs couleurs; mais c'est une fausse désignation : les couleurs les plus favorables en apparence, en présentent quelquefois de très-peu productives. La géologie prétend que les véritables espèces de terres, s'il en est d'entièrement pures, sont par elles-mêmes infertiles. C'est leur mélange qui les rend propres à la végétation; et alors elles doivent prendre le nom de l'espèce qui domine dans leur composition, sans égard à la couleur qui, comme dans toutes les choses colorées, n'est pas toujours due à la matière la plus volumineuse et la plus considérable.

Les quatre espèces de terres qui jouent le principal rôle dans le phénomène de la végétation, sont l'argile, la calcaire, la silice ou le sable, et la décomposition des substances animales et végétales, qu'on nomme *terreau* ou *humus*.

Pour qu'une terre puisse devenir très-fertile, il faut qu'elle soit légère et qu'elle ait, en même temps, assez de corps et de liaison, pour que la fraîcheur puisse s'y maintenir et les plantes s'y enraciner, tandis que les pores néanmoins en sont ouverts à l'action de l'air et de la chaleur.

L'argile rend les terres très-compactes, et souvent très-humides, parce qu'elle retient trop les eaux. La terre où elle domine, s'appelle *terre forte* : elle est ordinairement propre à la culture du froment.

» Ici, la terre est forte, et Cérès la chérit ;

» Ailleurs, elle est légère, et Bacchus lui sourit.

Le sable produit un effet contraire à l'argile. Il ne peut retenir l'humidité, pas même le terreau, parce que les eaux l'entraînent par leur trop facile infiltration.

La calcaire, les craies et la marne absorbent les eaux, et consevent l'humidité jusqu'à un certain point. Si la calcaire est en masse, il arrive quelquefois qu'une légère couche seulement du terrain est pénétrée par les eaux, qui, ne pouvant plus passer au-delà, sont bientôt absorbées par le soleil.

La couleur noire ou brune indique souvent une bonne terre, parce qu'elle peut tenir cette qualité d'un mélange abondant de terreau.

Les terres blanches, dont la couleur peut provenir d'un mélange de calcaire, ne présentent pas le même avantage : elles n'absorbent pas non plus assez les rayons du soleil. Aussi s'en trouve-t-il

rarement qui soient de première qualité. On en voit pourtant d'excellentes ,
qui approchent de cette couleur, dans le
midi , et principalement dans les environs de Toulouse.

Les terres rouges contiennent presque toujours des matières ferrugineuses.
Elles sont , par conséquent , ou mauvaises ou médiocres , selon la force du
mélange. Mais il s'en trouve d'un rouge
pâle , qu'on appelle *franches*, qui produisent du froment en abondance. Telles
sont une partie de celles des environs de
Louvres , de Roissy , du Tremblay , dé-
partement de Seine-et-Oise , si connues
par les belles récoltes de blé qu'on y fait
de temps immémorial.

Le terreau , quoique non usé , n'est
favorable aux plantes, qu'autant qu'il est
exposé à l'action de l'air pendant quelque temps. La couche de terre végétale qui en est composée en partie , ne

peut donc se trouver qu'à la surface du sol. Il est très-facile de la reconnaître; car elle tranche toujours avec la couche sur laquelle elle repose. Elle a quelquefois un tiers de mètre et même beaucoup plus d'épaisseur; plus souvent, un sixième environ. C'est à peu près ce que réclament les céréales, presque toutes les plantes herbacées, et même la plupart des arbres, quand, au lieu de reposer sur une craie ou autre mauvais terrain, elle a pour soutien une terre franche, ou seulement une glaise marneuse ou sablonneuse, dans laquelle les végétaux qui pivotent beaucoup, peuvent pénétrer et vivre, par le moyen du terreau qui s'y introduit avec leurs racines.

Il paraît évident qu'excepté le cuscute, le gui, etc., qui s'implantent sur les autres végétaux, aucune graine ne peut se développer que dans de la terre végé-

tale , qui se compose en partie de des-
tructions d'individus.

Mais , dira-t-on , comment ont pu se
former les premières plantes ? On doit
répondre à cette question , que toute
cause première nous est inconnue. Ce
qu'on peut seulement assurer , c'est que
dans les environs des volcans , et dans
plusieurs endroits d'où la mer se retire et
où il ne se trouve ni limon ou terre d'alluvion , ni terreau , la surface du sol ne
produit rien d'abord. Il y naît ensuite des
lichens , des mousses , et enfin , après
des laps de temps assez considérables
pour amasser de la terre végétale , des
plantes plus vigoureuses. D'où il doit
résulter , contre le sentiment de Buffon ,
que la terre végétale , quoique les eaux
en entraînent beaucoup à la mer , doit
toujours , si ce n'est sur les montagnes ,
augmenter en épaisseur , puisque les végétaux , trouvant une partie de leur

nourriture dans l'atmosphère qui elle-même tire de la mer beaucoup de vapeurs, rendent plus à la terre qu'elle ne leur a donné.

Une culture bien ordonnée, améliore le terrain. C'est une vérité qu'on n'a peut-être pas encore assez observée. Les riches campagnes de la Beauce, de la Brie et de l'ancienne Isle-de-France, vaudraient celles de la Flandre, si elles avaient été toujours aussi bien cultivées.

Combien, dans tout pays, les terrains rapprochés des habitations de l'homme, ont-ils été rendus meilleurs par la culture. Quelle différence entre la fertilité des jardins et celle des champs! Je connais plusieurs lieux jadis en potager et aujourd'hui en plein champ, où trente années et plus d'une mauvaise culture n'ont pu détruire totalement l'abondance annuelle d'une végétation qu'on est loin de remarquer dans les terrains adjacens, qui ont toujours été abandonnés à des assolemens mal conçus.

C'est le temps, la nécessité et l'industrie qui produisent et changent tout dans le monde. On nous rapporte que le territoire de la Chine est couvert d'une immense quantité de réservoirs d'eau, qui permettent d'arroser presque toutes les campagnes, sans quoi la culture du riz, de principale nécessité pour les Chinois, serait très-peu étendue. Ne serait-il pas ridicule de dire que c'est à la nature qu'on doit cet ordre de choses? Il prouve au contraire que la Chine a été habitée depuis des siècles infinis; que ses premiers habitans ont adopté le riz pour nourriture; qu'ils se sont fixés primitivement dans les lieux arrosés naturellement par le débordement des rivières; que l'accroissement de la population et les besoins publics les ont portés à former d'abord des réservoirs d'eau dans les lieux où cela était très-facile , et , de proche en proche , dans presque toutes les campagnes , en surmontant des obstacles qui leur auraient paru d'une exécution absolument impossible dans l'origine de leur établissement.

Notre agriculture a coûté bien moins de peines. De la terre végétale est notre mobile principal ; et la nature , loin de présenter des obstacles à sa formation , concourt puissamment avec les travaux de l'homme à la procurer.

Un moyen fort simple d'augmenter la profondeur du sol végétal , c'est d'enfoncer de temps à autre la charrue , de manière à ramener à la surface un peu de la couche inférieure. Néanmoins , il faut observer que cette pratique pourrait être nuisible , si l'on n'y joignait pas en même temps des engrais pour augmenter la masse du terreau.

Une chose essentielle pour l'amélio-

ration et le bon entretien du sol, c'est
de ne jamais laisser les terres en friches.
Si l'on se trouve obligé de faire des
jachères, il faut que ce ne soit que pour
donner aux terrains tous les labours et
les binages convenables, afin de les purger de chiendent et autres mauvaises
plantes. La réussite et la netteté du blé
tient principalement à ce travail important, et toutes les prairies artificielles ne
prospèrent très-bien que dans les terrains
qui, sans interruption, ont été, avec
des engrais suffisans, soumis à la culture
de plantes variées et alternées, et, par
conséquent, à des labours aussi profonds
que le permet le sol, et à des hersages
répétés, faits avec plus d'intelligence
qu'on ne le pense généralement Ces objets demandent, de la part du cultivateur, une attention très-particulière.

Une chose qui demande encore toute
l'attention du cultivateur, c'est de ne

jamais s'en rapporter à des travaux qui ne produisent que de chetives récoltes. Une bonne récolte en amène une autre, quand le cultivateur donne à sa terre toute la culture dont elle a besoin. Les terres produisent plus, sans exiger plus d'engrais ; tandis que fournissant plus de paille et de fourrage artificiel, elles donnent pourtant plus de moyens pour s'en procurer ; parce qu'elles permettent de nourrir beaucoup plus de bestiaux, ou de les mieux nourrir : ce qui revient au même ; car les bêtes ne rendent des ex-cremens, et même des urines, que dans la proportion des alimens qu'elles prennent.

La nomenclature des différentes terres nous porte naturellement à parler d'une erreur, que plusieurs personnes qui ont écrit sur l'agriculture, peuvent propager parmi les cultivateurs. Pour connaître, leur disent-ils, les qualités de vos terres et les produits qu'elles peuvent donner, examinez qu'elles sont les plantes qui y végètent spontanément. Cette observation n'est pas toujours judicieuse. De ce que diverses plantes ne se trouveraient pas dans un canton, il n'en faudrait pas conclure qu'il ne peut les produire, non plus que les espèces qui semblent sympathiser avec elles ; car souvent, s'il ne les produit plus, c'est qu'il a usé tous les principes qui leur étaient favorables, ou qu'une culture soignée en a fait perdre les semences.

Une forêt, maintenant garnie de chênes, se sera, dans quatre cents ans, en supposant que ce soit la durée de ce bois, repeuplée successivement par d'autres essences.

Je connais un pays où on plante beaucoup de bouleaux : espèces qui durent à peine un siècle. Des bois de cette essence ont été plantés par des personnes encore vivantes ; et pourtant plus d'un

tiers déjà des bouleaux n'existent plus :
ils se trouvent remplacés par des chênes,
des coudriers, des marsaults, des char-
mes, etc., dont les graines ont été ap-
portées par les vents ou par les oiseaux.

Mais combien une terre restera-t-elle
sans pouvoir produire avec succès les
mêmes choses ? A cet égard, il n'y a
encore rien de bien constaté. Il semble
qu'il faut un temps à peu près égal à
celui du développement du germe à la
maturité ou à la décrépitude ; et, par
conséquent, si la plante est annuelle,
il faudra au moins un an ; et si elle est
bisannuelle, deux ans. Cependant, on
peut quelquefois choisir une espèce très-
rapprochée. C'est ainsi qu'on voit, dans
certain terrain, le poirier succéder au
pommier avec un succès soutenable ; et
l'avoine au blé, quoique l'une et l'autre,
de ces dernières plantes soient dans la
classe des céréales.

Mais que dire ici de cette ignorante culture qu'on pratique encore dans certaines provinces de France. Dans l'ancien Berry, par exemple, on voit, en quelques cantons, des terrains, soit riches, soit médiocres, rester trois, quatre et même cinq ans en friche. Ensuite, on leur donne des labours pitoyables, avec de mauvaises et longues charrues, armées, au lieu de soc, d'une simple pointe de fer, sans aucun hersage, avec un engrais peu abondant ; et après y avoir fait de misérables récoltes de blé, on y fait de la marsèche, et ensuite des avoines, encore plus misérables, qui remboursent rarement le prix des façons, quelque peu coûteuses qu'elles soient. Tant qu'on y suivra un aussi triste assolement, tant qu'on y travaillera avec aussi peu d'intelligence, jamais on n'y obtiendra de bonnes prairies artificielles, et jamais on n'y améliorera la culture.

On y verra toujours de pauvres mé-
tayers, sans force et sans courage , se
nourrir de mauvaise marsèche , afin de
pouvoir porter au marché, tout le blé
de leur récolte, pour payer leurs fermes
et pour nourrir trente à quarante mille
urbains, que peuvent contenir toutes les
chetives villes de la province.

CHAPITRE V.

Des Amendemens et des Engrais.

L'on n'examine jamais les effets de la
nature, qu'on ne soit émerveillé de l'excellence de son travail. Le temps a-t-il
détruit des individus, elle tire aussitôt
parti de leur décomposition, pour nourrir de nouveaux êtres. Elle ne se repose
jamais ; elle ne veut rien laisser dans
l'inaction. Cette vérité, démontrée dans
les trois règnes, est sur-tout d'une évi-
dence palpable dans le règne végétal.
Mais la nature fait-elle renaître et nour-
rit-elle les objets de la destruction d'objets sensiblement analogues ? Non ; c'est
une sorte de désordre qui produit des
merveilles. Un bouleversement sans fin,
tend à la reproduction, et la forme et

l'espèce de chaque chose ne semblent déterminées que par des combinaisons dont le principe nous sera éternellement inconnu. Il semble indifférent à la nature que telle ou telle chose prenne naissance ; et c'est pourquoi nous pouvons nous-mêmes la porter à la reproduction des objets qui nous sont le plus nécessaires.

Nous répandons dans un champ les grains qu'elle a produits, pour premiers principes de nouveaux êtres : et pour donner encore à ceux-ci un développement plus heureux, nous pouvons apporter dans le champ le résidu d'objets décomposés ; c'est-à-dire, du fumier ou de l'humus. Les plantes alors prospèrent plus vigoureusement que si l'aliment de leur végétation avait toujours été abandonné au seul soin de la nature : voilà l'objet de l'engrais.

Nous observons que, pour donner

plus d'activité à l'humus, nous avons encore la marne, la chaux, le plâtre, etc., qui ont la propriété de le dissoudre promptement, et de le rendre plus propre à alimenter les plantes : voilà l'objet de l'amendement.

Il faut donc bien distinguer l'amendement de l'engrais. L'engrais est une véritable nourriture, et l'amendement n'est qu'un stimulant, qui agit sur la terre végétale, comme les épices sur l'estomac de l'homme.

Nous avons dit au chapitre précédent, que toutes les terres pures étaient infertiles, et qu'en les mélangeant, la nature formait de la terre végétale. En imitant son travail, nous amenderions les terres dont la combinaison n'est pas heureuse. C'est ainsi qu'on rend une terre forte plus légère, en y mêlant du sable. Mais ce moyen en est trop coûteux pour la grande culture ; ce n'est pas là maintenant notre objet ; nous ne parlons que des amendemens qui ont la qualité de rendre plus actif l'effet des engrais nécessaires aux terres toutes formées et soumises à une culture bien ordonnée.

Comme amendement, la marne me semble devoir tenir le premier rang. C'est une terre onctueuse et grasse qui fuse comme la chaux, sur-tout lorsqu'elle est très-calcaire. Elle absorbe beaucoup d'eau, soutire de l'air l'acide carbonique, dissout l'humus, rend les terres fortes plus légères, conserve l'humidité dans les sécheresses de l'été ; et dans l'hiver, au contraire, elle rend plus saines les terres compactes et humides, parce qu'elle les tient plus légères, et qu'elle permet aux eaux surabondantes, qu'elle ne peut absorber, de s'infiltrer dans les couches inférieures, de suivre les pentes et de gagner le fond

des billons, des sangsues et des fossés.

Il se trouve des marnes de différentes
couleurs, de bleue, de rouge, de jaune,
qui sont quelquefois passables ; mais la
blanche est la meilleure. Il faut qu'elle ne
soit ni ferrugineuse, ni saline, et qu'elle
renferme peu de magnésie : ces matières
ne sont pas favorables à la végétation.

Quelquefois on trouve la marne presque à la surface de la terre ; maintes fois
à des profondeurs plus ou moins grandes,
et souvent après une légère couche de
glaise.

Les terres légères sont celles où la
marne offre les plus faibles résultats ; les
terres franches et fortes s'en accommodent très-bien. Pour les premieres, plus
la marne est glaiseuse et grasse, plus elle
convient ; pour les autres, on doit la
préférer lorsqu'elle est plus calcaire.

Lorsqu'on tire la marne à une certaine

profondeur, il est avantageux de l'exposer quelque temps à l'action de l'air avant
de l'employer, afin qu'elle se charge d'a-
cide carbonique, qui est d'une grande
importance dans les phénomènes de la
végétation.

Répandez-la toujours de préférence sur
les terres dans la saison des gelées; et
enterrez-la au printemps par le moyen
d'un binage ou léger labour.

En quelle proportion la marne doit-
elle s'employer? Une grande quantité
pourrait être nuisible, parce qu'elle agi-
rait trop fortement sur l'humus; et malheureusement une mesure générale n'est
pas facile à donner. Il y a des terres où
vingt mètres cubes par hectare sont suffisans; d'autres où il en faut davantage.
L'on prétend même qu'en Angleterre il
y a des cultivateurs qui en répandent
un pouce, au moins, sur tout le sol, et
qui s'en trouvent bien. Si vous ne con-

naissez pas la proportion qui convient à vos terres, faites des expériences ; mettez-en peu d'abord, et augmentez la quantité tant que vous en obtiendrez d'heureux résultats. Mais engraissez vos terres en même temps avec des fumiers. Ce dernier procédé doit s'appliquer à toute espèce de simple amendement.

Combien de temps durent les bons effets de la marne ? C'est encore une question à laquelle on ne peut faire de réponse positive ; cela dépend des différens terrains : dix ou douze ans, c'est le terme ordinaire.

La chaux, pierre calcaire, qui a perdu son eau de cristallisation par l'action du feu, est encore un bon amendement. Elle est souvent dispendieuse, et pourtant inférieure à la marne, à moins qu'on n'ait des insectes à réduire. Il faut, dans ce cas, la réduire en poudre, et la répandre, lorsque les plantes ont quelques

pouces de hauteur, par un temps humide, autant que possible. Le semeur
doit avoir soin de suivre le vent, autrement ce travail ne serait pas pour lui
sans danger.

La chaux amoncelée, attirant à elle
une trop grande masse d'acide carbonique, fait mourir, sans doute, par excès de stimulant, les plantes qui l'avoisinent. C'est par cette raison que souvent
la chaux des murs nuit aux espaliers. Il
faut avoir soin de la répandre en petite
quantité. Un boisseau de douze litres
par are, est une mesure qu'on ne doit
pas dépasser, quand on n'a pas encore
acquis d'expérience pour faire le contraire.

Les cendres ont à peu près les mêmes
propriétés que la chaux éteinte, réduite
en poudre. Elles renferment de plus des
sels alcalins. Comme tous les absorbans
de carbonne, elles peuvent, employées

en trop grande quantité, être nuisibles, suivant la proportion de potasse qu'elles contiennent, attendu que cette dernière matière agit plus que toute autre sur l'humus. Par cette raisou, la potasse pourrait aussi, en petite quantité, servir d'amendement ; mais son prix élevé ne peut permettre de l'employer à cet usage.

Les anciens nous ont laissé la pratique de brûler les chaumes sur le terrain après la récolte :

» Cérès approuve encor que des chaumes flétris

» La flamme en pétillant dévore les débris.

Il vaut mieux couper les pailles rez terre, et les porter à la ferme, pour en faire des litières et des fumiers, qui présentent bien plus d'avantage.

Le plâtre, ou le gypse, depuis quelque temps, s'emploie avec succès sur les prairies artificielles, les luzernes, les trèfles, les sainfoins, qu'il ranime souvent d'une

manière étonnante. La meilleure époque
pour le répandre, lorsqu'il est réduit en
poudre comme pour la bâtisse, c'est au
printemps, lorsque les plantes ont un ou
deux pouces de végétation. Il faut choisir
un temps brumeux, devant être suivi
de pluie. Cette opération, précédant
une grande sécheresse, serait presque
nulle. Un muids du poids de dix-huit
cents kilogrammes, est une mesure assez
ordinaire, pour un hectare.

L'on a toujours pensé que le sel marin
rendait les terres infertiles. Des conqué-
rans en ont fait répandre sur le territoire
des peuples vaincus : Frédéric I.er l'a
fait sur le territoire de Milan. Plusieurs
cantons, en Égypte, en Perse, en
Syrie, qui en sont imprégnés, s'opposent à toute culture, et ne produisent quelquefois çà et là que des soudes
et de faibles pâturages. Les terres vers
l'embouchure de l'Ébre, en Espagne,

si belles à l'œil , et toutes composées de limon , par alluvion, seront long-temps infertiles par la même cause. Cependant le sel , ayant la propriété de dissoudre l'humus , a quelquefois été employé comme amendement , mais en très-petite quantité.

La décomposition des plantes exposées à l'action de l'air, produit du terreau. Si cette décomposition s'opère dans l'eau , elle produit des tourbes , et les tourbes , après leur analise , donnent , de plus que le terreau , une huile qui n'est autre chose , sans doute , que la décomposition du mucilage des plantes , qui s'évapore dans la formation du terreau. Les tourbes répandues sur les terres , après avoir été réduites en poussière , y produisent souvent de bons effets.

Voulez vous rendre des tourbières propres à la culture ? Faites-en écouler les eaux avec grand soin. On peut ensuite

en brûler la surface. Cette opération a
produit en Hollande de très-riches propriétés. Les terrains qui ont été ainsi
travaillés , sont favorables aux plantes
herbacées avant de pouvoir produire des
arbres.

L'écobuage est encore un amendement.
Pour écobuer , on lève tous les gazons
d'un terrain , et l'on en forme de petits
tas , qu'on réduit en cendres par l'action
du feu. Ce procédé, qui enlève aux terres toutes les parties huileuses , et laisse
le sel dans les cendres , est un amendement souvent dangereux , sur-tout sur
les côtes de la mer , où les terres , comme
les plantes , sont imprégnées de beaucoup
de matières salines. Cette opération ne
peut être très-bonne que dans les terrains
marécageux et substanciels , où il s'agit
de détruire de mauvaises accrues et des
insectes.

La terre et les plantes peuvent recevoir d'autres amendemens, et la nature en fait les principaux frais. Les pluies tombant à propos, la lumière céleste, les gelées, les neiges, les chaleurs, les vents, les nuages, ont une influence bien marquée sur la végétation, comme sur la vie animale.

Mais il est inutile, sans doute, de nous arrêter d'avantage aux amendemens que produit la nature. L'homme qui cultive dans les champs, n'est pas le maître d'en disposer à son gré. Il les prévoit seulement autant qu'il lui est possible, pour faire ses semis et ses travaux. Le jardinier plus heureux, peut les imiter par l'arrosage, les serres, les abris, etc. Ceux qui sont à même d'obtenir des irrigations, sont dans un cas bien favorable; car s'ils cultivent avec intelligence, ils peuvent être assurés d'avoir des produits extraordinaires, et sur-tout dans les prairies artificielles. Il est éton-

nant qu'étant praticable dans beaucoup
de lieux, on en fasse généralement aussi
peu d'usage. Il n'y a que la nécessité,
causée par les chaleurs desséchantes du
midi, qui puisse stimuler, à cet égard,
l'industrie du cultivateur.

Nous conclurons donc que les amendemens des terres sont très-utiles. Nous
allons voir que les engrais le sont encore davantage. Le terreau qu'ils produisent, est le principe solide et véritablement actif de tout ce qui végète. La
décomposition des fumiers, prouve qu'ils
renferment du sable, de l'argile et de la
chaux. Ils agissent donc aussi comme
amendement. Ils produisent de la chaleur, font effervescence dans les terres,
et les allègent. Seuls avec les labours,
ils peuvent produire de bonnes récoltes;
et sans eux, il n'y a point de culture qui
ne soit bientôt misérable.

Les meilleurs engrais se trouvent dans

les boucheries. La décomposition du sang, des boyaux, des charognes, mêlée même avec des litières, a la vertu fertilisante au premier degré ; mais jamais il n'est à la disposition des fermiers d'avoir beaucoup d'engrais de cette espèce. Les pailles, sur lesquelles les bestiaux ont couché et laissé tomber leurs urines et leurs fientes, composent les fumiers qu'on trouve dans les fermes. Celui de cheval et d'âne tient le premier rang. Ensuite vient celui de mouton et de chèvre. Celui des bœufs, des vaches et des cochons, leur est inférieur. Il est beaucoup plus froid, plus compact, et, par cette raison, convient mieux aux terres chaudes et légères, qu'aux terres froides, humides et fortes.

Dans la plupart des fermes, les diverses espèces de fumiers ne sont point séparées. On les mêle, mais c'est une opération qui se fait souvent sans intelligence. On les jette çà et là dans les cours, sans aucun soin. Le trepignement des hommes et des bestiaux les brise, et les eaux, principalement celles des égouts, les lavent, les empêchent de fermenter, et leur enlèvent leurs meilleurs principes.

Un moyen simple pour former de bons engrais, c'est d'avoir, dans le milieu d'une arrière-cour, un trou large et aussi profond que peut le permettre l'enlèvement du fumier, entouré d'un léger exhaussement de terre, disposé de manière à ce qu'on puisse faire entrer à volonté les eaux des égouts. Le fumier qui a trop d'humidité ne fermente pas ; celui qui n'en reçoit point assez se dessèche, ou blanchit et moisit sans se former. A l'aide du moyen que je propose, les fumiers fermentent bien, et acquièrent en deux ou trois mois la meilleure qualité. Dans cet état, vingt charretées, du poids de

mille à quinze cents kilogrammes, suffisent pour amender un hectare de terre,
et mille bottes de paille, du poids de
cinq à six kilogrammes, données aux
bestiaux pour litière et nourriture, par
hors-d'œuvre, peuvent les fournir, étant
réunis aux matières excrémentielles.

Quant aux excrémens humains, il y a
des pays où on les répand liquides sur les
terres, en sortant des fosses. Auprès de
Paris, on les réduit en poudrette : alors
ils sont moins dégoûtans à employer ;
mais les opérations qu'on leur a fait su-
bir, diminuent leur influence. Enfin,
on ne peut guère, dans cet état, les con-
sidérer que comme amendement. Ils
produisent très-peu de terreau ; mais
bien des sels alcalins et de la chaux, qui
ont la qualité des meilleurs amendemens :
néanmoins, quinze ou seize sachées par
hectare, dans une terre qui n'est pas
épuisée de longue main, peuvent pro-

duire une belle récolte de céréales. Il en faudrait davantage pour les autres plantes, et sur-tout pour les oléagineuses et les corticales.

La colombine et la poulée, qui n'ont fermenté qu'à demi, produisent les blés de la plus belle qualité. Il en faut une vingtaine de sachées de quinze décalitres par hectare.

Le tan, c'est-à-dire, l'écorce de chêne qui a servi aux tanneurs, la décomposition des saules et d'autres vieux arbres, offrent aussi des terreaux très-précieux.

En traitant des diverses plantes, nous parlerons de la manière d'enterrer les engrais. Nous dirons seulement ici que ceux qui se répandent au semoir, s'enterrent avec la herse comme les grains ; que sur les trèfles, on laisse les engrais à la surface, mais que la végétation de la prairie les tient frais, et facilite, non pas

sans quelque perte, leur décomposition
en terreau. On aurait de meilleurs fourrages, si l'on ne fumait pas les trèfles ;
et on ne les obtiendrait pas moins d'une
belle végétation, si on avait toujours
soin de ne les semer que dans des terres
bien nettes et bien grasses, et dont l'engrais n'a à soutenir que la végétation
d'une plante céréale dans laquelle se fait
le semis de la prairie artificielle.

Il nous reste encore à parler du parcage des moutons, qui, dans la grande
culture, est d'une si haute importance.
Dans les cantons où l'on pratique la jachère et l'assolement triennal, souvent
les fermiers emploient le parcage trois
ans après avoir employé le fumier, et
réciproquement.

Le parc, comme on sait, composé de
claies pour déterminer l'enceinte, retenir les moutons et les garantir du loup,
se change de place deux à trois fois par

nuit : à huit ou neuf heures du soir ; à
une heure , et à cinq ou six du matin ;
ou bien à huit à neuf heures du soir , et
à deux à trois heures le matin. On fait
sortir les moutons vers les neuf à dix
heures. Par ce moyen, trois cents bêtes
de forte taille , ou quatre cents de médiocre , peuvent parquer un hectare de
terre en sept ou huit jours ; et si l'on
peut parquer pendant cent cinquante
jours, on aura procuré de l'engrais à dix-
huit hectares de terre , au moins. Quand
le soleil n'est pas trop ardent , on peut
faire encore une portée entre le déjeûner
et le souper des bêtes. Veut-on que le
parc soit plus fort , on ne fait qu'une
seule portée de claies. Alors , on avance
moins vîte ; mais cela ne se pratique ordinairement que pour les morceaux de
terre très-altérés.

Quelquefois les bergers , par paresse ,
portent les fermiers à leur donner assez de

claies pour ne faire par jour qu'une seule et grande portée. Dans la nuit, lorsqu'ils se réveillent, ils entrent dans le parc pour forcer les moutons à changer de place. Ce procédé est vicieux, et ne permet jamais que les excrémens et le suint soient répandus également.

Le parcage, dans les environs de Paris, commence ordinairement vers la mi-mai, et se continue jusqu'aux premières pluies froides du mois de novembre. Dans les grandes chaleurs de l'été, ayez soin d'enterrer le résultat à fur et à mesure, afin qu'il ne se dessèche point. Vers l'automne, les sécheresses n'étant plus à craindre, l'on peut faire parquer sur grain, c'est-à-dire, faire coucher les troupeaux sur les terres, après les avoir emblavées. Si le grain n'était pas encore germé, lorsque le parc est enlevé, il serait utile de herser le terrain de nouveau.

Enfin , ne pouvez-vous vous procurer ni assez de fumier , ni assez de parcage, enterrez comme engrais, des vesces, des sarrasins , des secondes coupes de trèfle , au moment de la floraison. C'est une perte , sans doute , mais compensée par les produits à venir. Ajoutons que le trèfle , lorsqu'il a poussé fortement , et qu'on l'a toujours coupé avant ou au moment de la floraison, a non-seulement conservé les sucs de la terre , en la tenant toujours dans un état de fraîcheur, mais qu'il lui donne encore, après être enfoui , un nouveau principe de végétation , par le moyen de ses racines multipliées, bientôt décomposées en terreau , qui influent sur la végétation des fromens , et encore plus sur celle des avoines.

Il n'est peut-être pas inutile d'observer que quatre cents bêtes de médiocre taille, étant à peu près le lot d'une ferme où l'on peut faire cent arpens de blé, laquelle peut comprendre en total, trois cents et quelques arpens d'un demi hectare, permettant de parquer près de quarante arpens, il n'en reste plus que soixante à fumer, si, comme on le doit, on fume toutes les terres qu'on emblave en blé. Mais une récolte de cent arpens de blé, laquelle en suppose presqu'autant en avoines ou autres céréales, doit donner des pailles suffisamment pour former les fumiers nécessaires à l'engrais de soixante arpens de terre.

CHAPITRE VI.

Des Assolemens.

L'ON a beaucoup déploré l'aveuglement
des gens de la campagne, par rapport
à la routine qu'ils ont suivie en agriculture. En effet, on pourrait la trouver
inférieure à l'instinct de plusieurs animaux. Dans leurs trayaux, ceux-ci per-
fectionnent très-peu ; mais on y trouve
rarement un déclin sensible ; au lieu
qu'on a vu l'agriculture jadis tomber dans
un état si malheureux, qu'on aurait pu
croire que les êtres qui s'en occupaient,
étaient dénués de toute intelligence.
Mais cet ordre de choses, comme nous
l'avons déjà dit, s'est amélioré. Il est
vrai que, dans grand nombre de pays, il
serait encore essentiel de modifier les

assolemens ; mais ces changemens ne peuvent s'opérer tout à la fois. Les personnes qui ont porté leurs réflexions sur ce sujet, conviendront qu'il vaut encore mieux que la plupart des assolemens présentement en usage se maintiennent, malgré des défauts, que d'en avoir d'autres entrepris par des gens qui n'y entendraient rien, et qui, loin d'en obtenir des résultats heureux, pourraient altérer encore davantage leurs propriétés, et ôter à leurs voisins toute idée de tenter les améliorations les mieux entendues.

Pour diriger un établissement rural, dont le mode de culture est tout ordonné, il ne faut que du bon sens et de l'activité ; mais lorsqu'il s'agit de tout créer ou de changer le système de culture, il faut avoir une connaissance étendue du commerce des produits agricoles, et une grande pratique de la culture des champs.

Les baux qui se font journellement, et que la loi semble consacrer, s'opposent à la propagation des assolemens, où il serait nécessaire d'en changer. Ils défendent de dessoler; c'est une clause d'usage; et leur durée, ordonnée sur le système de culture établi, trois, six, neuf, est encore un véritable obstacle.

Tous les végétaux ont indubitablement des suçoirs pour prendre leur nourriture. Plus ils sont jeunes, plus ces suçoirs sont ouverts et libres, et plus ils peuvent pomper d'atomes répandus dans l'atmosphère. En vieillissant, leurs pores se rétrécissent, leurs fibres se resserrent, et leurs racines conservant les dernières de la sève et de la fraîcheur, c'est de la terre alors qu'ils tirent la plus grande partie de leurs alimens.

Quand on veut établir ou changer l'assolement de ses terres, il faut donc, suivant leurs qualités, adopter des plantes qui se dessèchent plus ou moins vîte. L'écorce et le tissu des plantes oléagineuses, en général, prennent une forte consistance au temps de la floraison, et quelques-unes même avant ce terme. Les plantes légumineuses ont les pores plus long-temps ouverts ; souvent elles restent, pour ainsi dire, dans un état herbacé, jusque dans la maturité de leur fruit. Plusieurs se recueillent même en vert pour fourrages. Elles sont donc plus exposées aux influences de l'atmosphère, et doivent moins épuiser le sol.

C'est encore un bon principe, quand on est placé convenablement pour le débit, d'intercaler, dans les assolemens, les plantes à racines pivotantes et celles dont les racines tracent et s'étendent vers la surface.

L'assolement qui me semblerait le mieux convenir aux terres de première qualité, serait celui-ci : 1.re année ;

colza, lin, pavot somnifère, caméline,
chanvre avec engrais, etc.; 2.°, froment avec parcage, si la terre est un
peu altérée; 3.°, carottes, navets, bizailles, fèves, pommes de terre, etc.;
4.°, avoine, orge, scourgeon, blé marsais, ou autre, suivi de trèfle; 5.°, trèfle avec plâtre ou autre amendement;
6.°, froment avec parcage, poudrette,
etc. Dans le midi, on pourrait, tous les
six ans, remplacer le froment par le maïs
ou le millet.

Dans les terres inférieures, j'adop-
terais cet autre assolement : 1.re année,
froment ou seigle avec parcage; 2.°, pommes de terre, navets, haricots, vesce, lentilles, lupin, caméline, etc.;
3.°, avoine, orge, seigle ou blé, avec
trèfle ou lupuline; 4.°, trèfle ou lupuline, avec engrais abondant.

Il faut observer que les prairies artificielles, telles que les luzernes, les

sainfoins, qui durent un grand nombre d'années, doivent sortir des soles ordinaires, pour n'y rentrer qu'après leur défrichement, qui doit toujours être immédiatement suivi d'un semis de céréales. Les houblonières, les safraniers sont dans le même cas. Il en serait de même des cotonniers, si l'on pouvait en établir dans quelques-unes de nos provinces du midi.

Faites des prairies artificielles à long terme, à proportion de la médiocrité de votre sol, afin de nourrir plus de bestiaux et d'avoir plus d'engrais pour le reste de vos terres en labour.

Les luzernes et les sainfoins semés dans un terrain en bon état, n'ont pas besoin d'engrais. Celui qu'on veut leur donner, pour réparer l'épuisement de la terre, fait naître, au contraire, le développement de beaucoup de mauvaises herbes qui les altèrent, et souvent même les détruisent en peu d'années, au lieu de les améliorer.

Après des trèfles et des vesces, etc. , qui ont mal végété, on obtient difficilement de belles récoltes ; mais ont-ils poussé vigoureusement ? ont-ils couvert la terre de leur épais feuillage ? vous pouvez espérer le contraire.

C'est encore par le même principe que les neiges passent pour bienfaisantes. Elles donnent à la terre , non-seulement tout ce qu'elles ont reçu de l'atmosphère , mais elles arrêtent aussi l'évaporation qui a lieu dans les gêlées , comme dans tous les autres temps de sécheresse.

Les partisans de la jachère ont prétendu que les terres avaient besoin de repos. C'est un faux principe , puisque la destruction des végétaux dans les terres sans culture , leur permet d'en reproduire sans cesse de nouveaux. La terre est toujours féconde lorsqu'on ne la contrarie pas par des semis mal calculés, et qu'on a soin de l'entrenir d'humus.

Dans plusieurs endroits où la terre est franche et produit beaucoup de froment, on alterne souvent blé et jachère. Sur la moitié environ de celle-ci, on sème des vesces, des pois, etc., pour la nourriture des bestiaux. On peut croire que Virgile n'ignorait pas cette pratique.

» Qu'un vallon moissonné dorme un an sans culture,

» Son sein reconnaissant te paye avec usure ;

» Ou sème un pur froment dans le même terrain

» Qui n'a produit d'abord que le faible lupin ;

» Ou la vesce légère, ou ces moissons bruyantes

» De pois retentissans dans leurs cosses tremblantes.

C'est un système qu'on ne peut approuver. Cependant, il faut convenir qu'auprès d'une grande capitale, telle que Paris, où il peut se consommer beaucoup de paille de blé, il n'est pas aussi dénué de raison qu'on le pourrait croire.

au premier abord ; car pour emblaver toutes les jachères, il faudrait beaucoup d'engrais ; et pour cela consommer des pailles qu'on peut vendre un très-grand prix. Chaque arpent, ou demi-hectare de blé, en produit souvent pour cent francs et plus. C'est un revenu net qui récompense de la jachère. On fume seulement pour les semis de vesces et de pois. Le parcage, qui réussit à merveille dans ces terres, fait tout le reste de l'engrais : ce qui n'est point coûteux aux fermiers. Au printemps, ils achètent, pour augmenter le nombre de leurs troupeaux, dans les foires, des moutons qu'ils revendent souvent avec bénéfice pour la boucherie, lorsqu'à la fin du parcage ils sont engraissés.

Dans d'autres lieux où le débit des plantes corticales et légumineuses n'est pas avantageux, on pratique l'assolement de trois ans avec jachère. Dans ce mode, le parcage des bêtes à laine est également d'une très-grande utilité.

On fait, 1.° froment ; 2.° avoine, celle de toutes les céréales qui peut le mieux succéder à un autre ; 5.° jachères, dont la moitié et quelquefois plus, se couvre de trèfle, de lupuline, etc., qu'on a semé dans les avoines. On peut aussi faire des semis de bizailles, pour tenir place de la jachère.

A la première période de cet assolement, on fume pour le froment ; à la seconde, on fait encore pour le froment, parquer les bêtes à laine ; de sorte que c'est toujours le froment qui reçoit l'engrais immédiatement.

Cependant, quelquefois on met le fumier pour les bizailles, ou on le répand, au pied de l'hiver, sur les prairies artificielles, afin que le froment le trouve tout formé en terreau ; mais, autant qu'on le peut, on parque pour le froment , après la récolte des bizailles , afin de réparer le léger tort que les plantes fourrageuses ont fait à l'engrais.

Il est des lieux où le trèfle pousse très-bien encore à la troisième année. Là, je conseille, comme je l'ai fait plusieurs fois avec avantage, de semer le trèfle au printemps dans les blés. Le trèfle s'y récolte l'année suivante, en place de l'avoine, et il s'y récolte encore l'année de la jachère ; après quoi, on le retourne, pour faire du froment, dont la végétation est souvent admirable.

CHAPITRE VII.

Des Labours et des Instrumens aratoires.

Labourer est un terme qui pourrait se rapporter à plusieurs travaux. Faire des fossés, des tranchées, enfin, remuer la terre et la rendre plus meuble, c'est sans doute labourer, ou, au moins, faire une chose qui donne le même résultat. Cependant, le nom de labour, en général, ne s'applique qu'à l'opération qui retourne et divise la surface du sol, depuis deux ou trois pouces de profondeur jusqu'à huit, dix ou douze, suivant la nature du semis qu'on veut faire, ou la force qu'on peut employer. Les instrumens ordinaires pour ce travail, sont : la bêche, la houe et la charrue. Les deux premiers ne sont pas d'une utilité assez majeure dans la grande culture, pour en faire ici mention.

Dans ces derniers temps, d'illustres personnes se sont occupées de la perfection des instrumens aratoires. M. Jefferson, président des États-Unis ; MM. Chaptal, François de Neufchâteau, sénateurs français, et plusieurs autres, ont fait établir des charrues nouvelles, ou ont publié des mémoires sur la forme et les proportions nécessaires pour en établir, dont la marche et le travail puissent remplir toutes les conditions qu'on pourrait désirer.

On a obtenu peu d'avantage sur ce qui existait : peut-être que si on y eût porté plus d'attention, on s'en serait tenu à quelques-unes des anciennes charrues, pour les recommander, et l'on en aurait obtenu autant de satisfaction que des nouvelles qui ont paru jusqu'à ce jour.

Cependant , il faut faire une mention
très-particulière de la charrue de M. Guillaume. Il est seulement à regretter, que
par rapport à sa légèreté, et à l'extrême
rapprochement de son arrière-train du
train de devant, elle prenne difficilement
de l'enterrage, au commencement de
chaque sillon dans les terres un peu
fortes, quand la sécheresse y domine.
Néanmoins, moyennant de légers changemens dans le train de devant et dans
l'angle du sep avec la flèche, je m'en
sers avec succès.

Parmi les nombreuses charrues dont
on fait usage, nous en distinguerons particulièrement trois : la charrue à versoir
mobile ou à tourne-oreille ; la charrue
à versoir fixe, et le cultivateur ou l'a-
raire

Si la charrue à tourne-oreille (*Fig.* 1),
a l'avant-train uni à l'arrière-train, par
une ligne droite, au moyen d'une chaîne

qui peut prendre du bout du têtard,
et s'accrocher à la haie, près de l'étençon (X), sa marche exigera peu d'efforts; et l'on a l'avantage de pouvoir labourer sans laisser aucun sillon ouvert, en changeant le versoir qui peut se porter de côté et d'autre, pour jeter la terre toujours dans le même sens, quoique les chevaux soient retournés sur leurs pas ; c'est ce que l'on appèle labourer à plat.

En mettant un versoir de chaque côté, on peut aussi s'en servir pour biner et buter les plantes qui se mettent en terre par rangées, telles que les pommes de terre.

Le soc (A, *Fig.* 1 et 2), dont elle est armée, doit avoir la forme d'un triangle isocèle, et le coutre (B), afin d'être porté du côté où la terre est à soulever, est mobile dans une mortaise pratiquée sur la flèche où on le fixe, à chaque sillon, par le moyen d'un ployon (C) serré

I

contre lui , à l'aide de deux points d'appui (D). L'oreille (I) ne retourne pas seule la terre ; il doit , comme je l'ai établi et comme il en existe en Picardie et en d'autres provinces , se trouver sur le sep (E), pour compléter l'opération du versoir , deux pièces de bois (F), qu'on nomme *les fourchets* , formant , par leur réunion , une espèce de moitié de cône un peu anguleux , dont l'extrémité s'écarte un peu en aile de pigeon ; ils sont évidés en dedans , pour qu'ils soient moins pesans , et leur sommet repose sur la douille du soc.

Quant au reste , cette charrue ressemble à beaucoup d'autres. Veut-on labourer plus ou moins profondément , on avance ou l'on recule la chaîne qui unit les deux trains , et , par conséquent , tout le train de derrière sur la sellette (G) de l'avant-train ; ce qui doit paraître bien sensible ; la sellette étant toujours à la

même hauteur, plus l'arrière-train en
est rapproché ou éloigné, plus ou moins
le soc doit prendre d'enterrage. On peut
aussi donner de l'enterrage, en baissant
seulement la sellette, qu'on peut rendre
mobile dans les soutiens (Z). Avantage
considérable ; car dans ce dernier cas l'enterrage n'exige plus de force qu'à raison
de son plus de profondeur ; tandis que
dans l'autre elle en exige, non-seulement
en raison du plus de profondeur, mais
aussi en raison du plus d'éloignement de
l'arrière-train sur la sellette.

Le soc (H , *Fig.* 3) de la charrue à
versoir fixe, très-convenable, principalement pour les terres qu'il faut billonner,
est construit jusqu'au bout de la douille
du côté gauche sur une ligne droite. De
l'autre côté, il s'y trouve une aile tran-
chante de six, huit ou dix pouces, suivant la largeur qu'on veut donner aux
sillons. Le versoir (I, *Fig.* 4) est tou-

jours placé du côté de l'aile du soc, et le coutre fixé à la pointe, en s'alignant sur le côté gauche ; de sorte que cette charrue laboure toujours en billons ou en planches. On peut faire celles-ci d'une assez grande étendue pour être à peine apparentes, lorsque cela est nécessaire. Pour que le soc tienne mieux dans le sep, je fixe par une petite cheville en fer (K) qui traverse le versoir et le sep, et qu'on peut faire sortir aisément, à l'aide d'un repoussoir.

L'avant-train de la charrue à tourne-oreille, peut s'adapter à l'arrière-train de la charrue à versoir fixe, qui d'ailleurs peut ne différer de l'autre que par son versoir.

Une des choses essentielles dans les charrues, c'est l'angle que doit former la flèche avec le sep ou la ligne horizontale. M. Jefferson pense qu'une charrue doit rouler sur un angle de dix-huit à vingt

degrés. Il semble en effet que le sep et
le soc doivent d'autant mieux glisser sur
la terre, que l'angle qu'ils forment avec
la haie est moins considérable. Cependant plusieurs charrues, qui font un
assez bon travail, ont beaucoup plus
d'ouverture. La charrue de M. Guillaume,
gravée dans *le Nouveau Cours complet
d'Agriculture*, présente un angle de
trente degrés ; mais je pense que c'est
une erreur : la charrue de Brie présente
un angle d'une dimension aussi étendue.
Je fais construire les miennes, qui sont
pourtant une imitation de celle de
M. Guillaume, sur un angle de dix-sept
à dix-huit degrés.

Deux choses encore de grande importance pour la marche d'une charrue (*Fig.* 1), c'est la longueur du
sep (E), et l'angle (O) qu'il forme
avec l'étançon (L). En le prenant par
l'extérieur, plus cet angle est aigu, plus

le tirage fait effort sur le derrière du sep, et, par conséquent, mieux il le fait glisser dans le sillon. Mes seps ont quatre pouces et demi de largeur, sur deux pieds deux pouces de longueur; et l'angle qu'ils forment par leur extrémité avec l'étançon, est de quarante-cinq degrés environ. Mes rouelles ont vingt-deux pouces de diamètre, et la sellette s'élève à environ deux pouces au-dessus.

Dans les temps humides, lorsque les terres fortes graissent beaucoup, mes roues roulent sur des rais sans jantes. (*Fig.* 9).

Les araires ou cultivateurs, ne sont que des charrues sans roues; c'est-à-dire, sans train de devant; leurs formes varient beaucoup. Dans différens endroits, on attache la flèche au collier des chevaux ou au joug des bœufs; dans d'autres, l'angle est moins ouvert, et un morceau de bois garni quelquefois d'une roulette, descend du bout de la flèche, et traîne à côté du sillon.

Quant aux herses (*Fig.* 5), ce sont des instrumens trop simples pour en parler en détail. La plupart sont à dents de bois; quelques-unes à dents de fer pour les endroits durs, les luzernes, et autres prairies qu'on veut desceller. Au lieu de fer, j'en fais construire de très-fortes en bois, pour le tirage desquelles j'emploie deux, trois et même quelquefois quatre chevaux, et alors j'entame les terres les plus frappées par les pluies. Quand on veut donner une sorte de sarclage ou binage à des terrains, on peut aussi le faire avec de petites herses bien armées de dents de fer. (*Fig.* 10).

Pour bien conduire une charrue et tracer des sillons droits et réguliers, il faut de l'intelligence et de l'habitude. La perfection des labours exige que les sillons ne soient pas plus larges que les socs ; autrement ceux-ci ne passeraient pas par-tout pour couper les racines des mauvaises plantes, et une partie de la terre ne pourrait être retournée.

Les labours bien faits ne sont pas encore la chose essentielle : il faut les faire en saison convenable. Le grand principe, c'est de labourer peu lors des grandes pluies d'hiver, et des grandes sécheresses d'été ; de tenir, par le moyen des hersages, les terres bien ameublies et assez divisées pour que les parcelles puissent faire ombre et s'opposer à l'effet trop ardent des rayons du soleil, et néanmoins éviter qu'à la surface de la terre, il ne se fasse jamais une croûte qui s'opposerait à l'infiltration de l'air et des rosées.

Vos terres vont-elles en pente, labourez-les en les remontant ; elles descendront toujours assez. La charrue à tourne-oreille, avec laquelle on peut verser la terre toujours du même côté, est excellente pour cette opération. Dirigée avec intelligence, elle pourrait encore être employée dans les terrains soumis aux irrigations, parce qu'elle se prête à tous les mouvemens, versant du côté, où l'on veut, plus ou moins de terre, suivant qu'on lui fait prendre plus ou moins d'enterrage, et elle peut servir aussi à niveller la surface.

En général, quand on donne plusieurs labours à une terre, avant de l'emblaver, il faut croiser ou prendre de biais les sillons du premier labour. Enfin, le labour fait-il des copeaux, de grosses mottes, et craignez-vous la sécheresse, brisez-les à force de bras, ou mieux écrasez-les avec un cylindre ou fort rouleau, dont tout cultivateur doit être muni. Saisissez ensuite la première pluie, et la herse complétera l'ameublissement du sol.

Dans les terrains où la couche végétale

garde peu les eaux pluviales , on est dans l'usage de labourer à plat. Dans les terrains humides et argileux , il faut nécessairement labourer en billons plus ou moins élevés , selon le degré d'humidité. Les billons ne doivent pas avoir moins de trois mètres , ni plus de cinq à six ; autrement il y aurait ou trop de sillons ouverts , ou ils se trouveraient trop éloignés pour qu'on pût tomber , sans défoncer les terres.

Pour former un billon , on ouvre d'abord une raie , en jetant la terre à gauche ; ensuite, on en ouvre une seconde à côté de celle-ci , en jetant la terre à droite. Alors , on a ce qu'on appèle *une raie ouverte* , et l'on commence son billon en rejetant dans cette raie la terre , tant celle restée à droite , que la couche que la première raie ouverte a posé dessus. On fait de même sur la gauche ; mais en observant que si , en commençant son billon, on enfonce de sept pouces, une raie ou deux après, on déterre d'un quart ou d'un demi-pouce, suivant qu'on veut plus ou moins bomber; et ainsi de suite, jusqu'à la fin du billon, qui, par ce moyen, se trouve convexe et capable de donner de la chasse aux eaux surabondantes.

Dans le midi de la France, il y a des cantons, et principalement dans ceux dont les terres sont pauvres et peu profondes, où l'on fait de très-petits billons, afin de ramener sur un seul point plus de terre végétale. Nous acheverons de traiter des labours en parlant des diverses plantes.

Pour conclure, nous dirons que les instrumens essentiels d'une bonne culture et d'une sage économie, dans les grandes exploitations, quand on ne veut pas courir après une sorte de perfection chimérique, sont des tombereaux (*Fig.* 6) pour le transport des terres et des terreaux ; des voitures à cage (*Fig.* 7) pour transporter les fumiers , les grains et les fourrages ; des charrues (*Fig.* 3) , des herses (*Fig.* 7 et 10) pour diviser les terres et couvrir les grains , et des rouleaux (*Fig.* 8) pour écraser les grosses mottes et plomber les plantes qui en ont besoin.

CHAPITRE VIII.

Des Céréales.

Sɪ Cérès a primitivement enseigné la culture des graminées qui portent son nom, il n'est pas étonnant que l'enthousiasme de la reconnaissance en ait fait une déesse bienfaisante. Les plantes céréales sont incontestablement le plus beau présent que la Divinité ait fait aux mortels ; et c'est à bien juste titre que celui qui le premier les a soumises à une reproduction abondante, ait mérité de laisser, pour jamais, sa mémoire en vénération.

Le froment, le seigle, l'avoine et l'orge, sont les véritables céréales.

On y joint cependant le maïs, le sorgho, le millet et le riz.

Parmi ces précieux végétaux, le fro-

K

ment tient le premier rang. Sa farine est amilacée et glutineuse ; c'est-à-dire, qu'elle renferme de l'amidon et une substance végéto-animale, à laquelle est attribuée la vertu de faire fermenter et lever la pâte, et de rendre le pain très-substanciel. Nous connaissons trois espèces de froment : le *triticum hybernum*, ou blé ordinaire ; le *triticum compositum*, ou blé de miracle, et le *triticum spelta*, épautre, ingrain, ou blé locar.

Les blés ordinaires se divisent en hivernaux et en marsais. Les blés habitués au semis de printemps, deviennent plus tendres ; ressemés en automne, ils souffrent davantage des rigueurs de l'hiver ; mais après plusieurs années de culture, ils redeviennent de nouveau peu sensibles aux froids.

Il y a des blés à tiges presque pleines, et d'autres à tiges creuses. Dans le midi, on en trouve beaucoup de la première de ces variétés ; mais dans le nord, elle est très-rare.

Presque tous les blés du midi, ont les grains fort durs, et ils sortent très-facilement de leurs balles. Dans le nord, ils sont plus tendres, et tiennent beaucoup plus dans l'épi.

Les blés sont ou barbus ou sans barbes ; mais ce sont encore des caractères qui s'effacent en tout ou en partie, suivant les lieux où on les cultive. Les blés barbus sont plus sujets que les autres à donner un grain très-clair et très-lisse, connu dans le commerce sous le nom de *blé glacé*, dont la farine est bise et médiocre.

Dans l'ancienne Isle-de-France et autres bons cantons à froment, on cultive du blé sans barbe, à épis rouges ou blancs lorsqu'ils sont à maturité. Ce blé, principalement celui à épis blancs, dont le grain est d'un beau jaune clair , semble , pour la culture en grand , mérite la préférence.

Le blé de miracle offre plusieurs épis sur la même tige , ou plutôt un épi principal , à l'entour duquel d'autres sont joints. L'apparence de ses produits l'a fait singulièrement prôner ; mais si les promesses de ses panégyristes se sont quelquefois réalisées dans les jardins où les terres sont très-riches et cultivées à grands frais; dans les champs, avec les instrumens ordinaires , il a toujours fallu l'abandonner. Il est d'ailleurs plus sensible aux variations de la température ; sa paille dure et pleine n'est point appétée par les animaux , et sa farine est loin d'être d'une qualité supérieure.

L'épautre est sans doute le *far* des anciens , d'où nous est venu le mot *farine* : ils en faisaient le premier objet de leur agriculture. Son grain est, comme

l'orge, enveloppé d'une écorce pailleuse.
Après être mondé , il offre de bons
gruaux: sa farine est délicate, fait d'excellente pâtisserie et de bon pain , mais
qui durcit promptement, et se lie moins
que celui de blé ordinaire.

L'épautre est sujet à peu près aux mêmes maladies que les autres fromens, et
il offre les mêmes remèdes. Les terres à
seigle lui conviennent ; même des terrains inférieurs , et il supporte encore
mieux les rigueurs de l'hiver. Tout ce
qui regarde le blé , par rapport aux maladies et à la culture, peut lui être appli-
qué ; ainsi, nous n'en parlerons pas davantage. Il demande moins d'engrais, et
peut se semer jusqu'en janvier. Il y en a
même une variété plus petite que l'autre, qui vient assez bien , principalement dans les terres calcaires très-maigres , sans autre soin qu'un seul labour.
La récolte en est peu abondante ; mais

aussi exige-t-elle très-peu de frais. La paille de l'épautre n'est propre qu'à faire de la litière.

Supposons que le froment succède à des haricots, des pommes de terre, du colza, des vesces, etc., qui ont été sarclés pendant leur végétation, ou, au moins, qui ont laissé rigoureusement la terre dans un état de propreté et d'ameublissement convenables, si on fume, un demi-labour, pour enterrer l'engrais et semer, est suffisant. Un labour primitif de six ou sept pouces de profondeur, suivant l'épaisseur de la couche de terre végétale, est utile quand, au lieu de fumer, on doit faire parquer sur grain. On met le parc sur le labour : et après avoir hersé le résultat, on répand le grain, qu'on enfouit par un très-léger binage. On peut aussi ne semer que sur le binage, et enterrer le grain avec la herse. On peut même, lorsque

le piétinement des moutons a laissé la
terre meuble , semer le grain et le herser avec le parcage , sans binoter.

Si votre terre , après la récolte qui
précède le blé , renferme du chiendent,
et que le soleil puisse encore le bien des-
sécher , donnez , avant toute autre opération, un binage de deux à trois pouces,
pour mettre les mauvaises racines vers
la surface. Trois à quatre jours après ,
hersez, afin de les exposer de nouveau
aux ardeurs du soleil. Huit jours se sont-
ils écoulés ? recommencez le hersage ;
et si le temps n'a pas été pluvieux , le
chiendent doit être détruit. Alors, la-
bourez pour semer.

Si l'on était obligé de faire parquer
beaucoup avant les semailles , on pourrait le faire immédiatement après la récolte qui précède le froment; enfouir le
résultat du parcage par un binage , de
manière que le labour pour semer qui

succéderait , étant plus profond , maintiendrait toujours l'engrais près de la surface , où le blé doit étendre ses racines.

Quand on met du fumier dans les terres,
dans le cours du printemps , c'est encore
une bonne opération de l'enfouir par un
binage , afin que le labour pour semer ,
qu'on donne ensuite , maintienne toujours l'engrais vers la surface , ou , comme le disent les paysans , entre deux
terres. Mais ne donnez le second labour
qu'après la fermentation du fumier , sa
décomposition presqu'en terreau , et l'a-
meublissement du terrain par le hersage.

Lorsque , dans la culture du froment,
on fume au dernier labour , que ce ne
soit toujours que sur des terrains bien
meubles , et , autant qu'on le peut , avec
des engrais bien pourris , que vous n'enterrez que de trois à quatre pouces.

Lorsque vous avez fait deux coupes
de trèfle , donnez au chaume de votre

trèfle un labour, pour semer, de quatre à cinq pouces environ, et faites ensuite, si le trèfle n'a pas été fumé d'hiver, semer des cendres, des poudret-
tes, ou parquer sur grain. Donnez-vous
deux façons, la première ne doit-être
qu'un binage.

Tout ce qui regarde les chaumes du
trèfle, doit s'appliquer à ceux de la lupuline, etc.

Dans le système de la jachère triennale,
trois labours suffisent pour le blé, quand
la terre est nette. Avec le premier, qui
n'est qu'un binage et qui se fait en hiver
ou au printemps, enterrez vos fumiers.
Quant à la seconde façon, qu'on appèle
retaillage, et qu'on exécute vers le
commencement de juin, dans le mois de
mai ou la fin d'avril, faites-la profonde,
mais toujours de manière à maintenir
l'engrais entre deux terres. Le dernier
labour se fait dans la couche de terre où

se trouve le terreau, qu'il achève de diviser. On peut aussi, vers la fin du mois de mars et pendant le mois d'avril, commencer par le retaillage; biner dans le cours de l'été, par un temps humide ou peu sec, et tâcher d'en profiter pour enterrer le fumier.

Le froment ne s'accommode pas très-bien des terres les plus meubles et les plus composées de terreau; car s'il y pousse beaucoup en herbe, il y donne du grain de médiocre qualité, et une paille veule qui se soutient difficilement, même jusqu'au développement des épis. Il préfère les terres franches et solides, les blancs limons et les terres à demi-glaiseuses et fortes. En principe général, toutes les terres qui rapportent de beau trèfle, *trifolium rubens*, sont de bonne qualité pour le froment; mais la classe ne se termine pas là. J'ai vu du froment très-passable dans les champs qui, près de Paris, bordent la route de Sèvres au Point du Jour, quoique ce ne soient que des sables rouges, peut-être plus ingrats que ceux des Steps de la Tartarie.

Que de merveilles les engrais et les amendemens peuvent produire! Avez-vous des terres sablonneuses, mais un peu profondes, des terres crayeuses et légères, employez le parcage pour leur donner de la liaison et pour plomber vos labours; souvent vous aurez d'aussi belles récoltes que dans les meilleures terres.

Les grains dégénèrent-ils lorsqu'ils sont constamment cultivés dans le même lieu? et y a-t-il nécessité de changer de semence? Avez-vous une mauvaise qualité de grains, une variété qui convienne peu à votre sol? avez-vous laissé vos récoltes s'infecter de mauvaises graines? il est indispensable d'en changer; mais hors ces deux cas, l'expérience, en nous prouvant qu'il est prudent de s'en dispenser, nous a mis à même d'apprécier la solidité des observations qu'a faites sur ce sujet M. Tessier.

Il se trouve des cultivateurs qui sèment volontiers des blés maigres, retraits et petits, par la raison que le germe, ayant une fois pris racine, ne tire plus son aliment du grain, mais de la terre et de l'atmosphère. Nous ne pouvons pas absolument approuver ce principe, parce que le premier développement des plantes décide trop souvent de leur beauté, pendant tout le cours de leur végétation.

Les blés sont sujets à plusieurs maladies, dont les principales sont la carie, le charbon, la rouille et la coulure. Cette dernière maladie tient, lors de la floraison, au mauvais temps qui empêche les stils d'être fécondés : or, l'homme n'y peut nullement remédier.

La carie, le charbon et la rouille, suivant M. Bosc, sont des espèces de champignons qui, germant avec le grain, s'allongent imperceptiblement en suivant les vaisseaux de la plante en végétation : fait assez difficile à démontrer rigoureusement, mais d'une grande vraisemblance, sur-tout à l'égard de la carie. Lorsqu'il y a, dans un champ, du blé qui doit être carié, on le reconnaît au vert foncé de ses feuilles ; et lorsque les épis sont formés, ils sont d'un bleuâtre terne, ayant les balles très-applaties sur l'axe. Maintes fois toute une touffe est cariée, souvent une ou plusieurs tiges.

La carie, autrement dit blé noir, offre un grain presque rond, facile à écraser, et qui renferme une poussière qui a l'odeur nauséabonde d'œuf pourri, et qui, dans l'opération du battage, s'attache aux barbes imperceptibles fixées au bout du blé, qu'on appèle alors *blé mou-*

chetté, et donne, suivant toute apparence, naissance à de nouveaux germes de carie.

Le charbon n'est pas pour le blé aussi redoutable que la carie. Les épis qui en sont attaqués, sortent à peine de leur fourreau, et la poussière qu'ils produisent toujours sans odeur, s'envole en très-grande partie avant la moisson.

La rouille, qui semble s'attacher davantage après les brouillards sur les blés en terrains frais et en retard pour la maturité, se manifeste sur la paille par des taches noires qui interceptent la circulation de la sève. La paille devient sans consistance, et les épis desséchés ne portent alors que de petits grains très-maigres. Duhamel, a qui notre agriculture doit tant de reconnaissance, croyait que la rouille n'était apparente que par les excrémens d'un petit insecte qui vit dans les tiges du blé, aux dépens des vaisseaux du parenchyme. Je pense plutôt que c'est une brûlure du soleil, causée par une sorte de matière glutineuse que le brouillard dépose sur le tuyau et sur l'épi du blé.

Quant à la carie et au charbon, le chaulage, pour toutes les céréales, semble en être le remède. Il est étonnant qu'on l'emploie si rarement pour purger les avoines du charbon dont on les voit infectées.

Pour chauler, prenez, terme moyen, un décalitre de pierre de chaux par six hectolitres de grains; faites-la éteindre dans une cuve; mettez-y ensuite, mais à l'instant qu'elle cesse de bouillir, huit à neuf décalitres d'eau; remuez pour obtenir une eau blanche, avec laquelle vous arroserez votre blé; retournez-le ensuite trois à quatre fois avec des pelles, pour que tous les grains soient bien enveloppés par l'eau de chaux. Votre blé amoncelé s'échauffe ensuite condisérablement ; vous le remuez au bout de vingt-quatre heures , et la chaux alors a rempli son objet. Vous pouvez semer , le grain est suffisamment ressuyé , et le renflement qu'il vient d'acquérir le fait germer promptement. D'autres personnes font encore mieux leur chaulage : elles prennent leur blé par panerées , et elles le plongent un instant dans la cuve d'eau de chaux , et elles l'amoncellent ensuite comme nous venons de le dire , pour qu'il puisse s'échauffer et renfler.

Naguère de prétendus agronomes avançaient pertinemment que le blé chaulé avec la chaux éteinte dans des huiles , du jus du fumier , de colombine , et dans mille autres ingrédiens , avait une merveilleuse végétation. Rien n'est plus faux et plus dangereux ; car les eaux grasses , en enveloppant le grain , empêchent l'effet de la chaux. De pareilles extravagances ne sont pas dues seulement aux modernes : Virgile nous porte à croire que les anciens n'en ont pas été exempts.

> J'ai vu dans le marc d'huile et dans une eau nitrée

> Détremper la semence avec soin préparée.

> Remèdes infructueux, inutiles secrets !

> Les grains les plus heureux, malgré tous ces apprêts

> Dégénèrent enfin, si l'homme, avec prudence,

> Tous les ans ne choisit la plus belle semence.

Deux opérations sont en usage pour se procurer du blé sans mélange. La première, c'est d'ouvrir les gerbes et d'en ôter à la main toutes les plantes étrangères ; la seconde, c'est d'éplucher le grain, en l'étalant sur une table. Celle-ci fait une meilleure opération. Cependant l'autre, qui est beaucoup moins dispendieuse, peut suffire quand on la renouvèle tous les ans.

L'on a inventé divers instrumens pour semer ou planter les grains ; nous n'en parlerons pas, parce qu'aucun ne semble pouvoir servir dans la grande culture.

Le blé peut se semer d'abord en pépinière et se repiquer ensuite. On peut même en éclater tous les yeux qui ont des racines pour en faire autant de nouvelles souches : moyen bon pour la petite culture et pour regarnir les pièces de peu d'étendue où il se trouve des vides.

Pour emblaver des étendues considérables de terre, il faut semer à la main. Pour cela, on emploie un morceau de toile de cinq pieds de long sur trois pieds de large, ayant à l'une des extrémités, des ouvertures pour passer la tête et les bras, et avec laquelle on forme devant soi une espèce de corbeille.

Le semeur tâche toujours de suivre les sillons et d'avoir le vent de côté. Si le grain, qu'il jète à la volée en demi-cercle, va, par exemple, de ses pieds jusqu'à trente sillons, au bout du champ

il se reporte plus loin ; non pas à l'extrémité de sa première jetée, mais seulement à dix sillons ; et après avoir
changé de main, il revient à la première
rive, en jetant son grain du même côté,
toujours à la même distance, afin de dépasser la première jetée seulement de dix
sillons, et ainsi de suite, jusqu'à la fin
du champ, qu'il ferme ensuite, en re-
prenant les rives sur lesquelles il n'a pas
encore passé trois fois. Cela s'appèle
semer sur trois *essiens*. Quelquefois, et
sur-tout lorsque le vent est peu favorable,
on ne sème que sur deux. Par exemple,
si le premier grain jeté ne peut couvrir
que vingt-six sillons, c'est à treize qu'on
se reporte. S'il n'y a point de sillons
pour déterminer les essiens, on espace,
et on se sert de jalons.

Quelle est la quantité de froment qu'on
doit répandre ? En général, les gens de
la campagne pèchent par excès. L'avis

des agronomes, fondé sur ce vieil adage, *qui sème dru, récolte menu*, ne doit pas être suivi à la rigueur. Pour une terre qui a du corps, vingt-cinq décalitres par hectare, peuvent être regardés comme le *maximun*. Si elle était très-riche en humus, on en pourrait retrancher cinq; ce qui devient alors la mesure ordinaire pour les trois autres céréales. Ajoutons cependant que les différentes localités et températures peuvent singulièrement faire varier ces proportions.

On peut, dans le nord de la France, semer des blés, tant hivernaux que marsais, depuis le mois de septembre jusqu'au mois d'avril. Il y a des pays où l'on sème ceux d'automne jusqu'au mois de janvier. Dans toutes les provinces qui avoisinent Paris, où la culture du froment est le principal objet, presque tous les semis d'automne se font dans le courant d'octobre, en commençant par les

terrains les plus froids et les plus humides. Il se trouve des terres où il y a
beaucoup de danger de se presser. Si
l'arrière-automne et l'hiver étaient tem-
pérés, le blé pousserait beaucoup en
herbe, et au printemps il dépérirait journellement, ou n'aurait plus qu'une végétation languissante.

Quelquefois, comme nous l'avons déjà
dit, on couvre le grain avec la charrue.
Par une température sèche, c'est une
bonne opération ; en temps de pluie, le
grain trop enterré est exposé à ne lever
qu'en partie. Lorsque le labour laisse
la terre dans un état très-meuble, et
qu'il est fait à plat, la herse passant deux
fois à travers les sillons, peut suffire ; ce
qui s'appelle herser de deux dents. Dans
les labours en billons, comme la herse
tend à descendre beaucoup de grains avec
les terres dans les fonds, M. Ivart, un
de nos plus savans praticiens agronomes,

propose de herser d'une ou deux dents avant de semer. C'est un moyen qu'on emploie souvent avec succès.

Un grain de blé, par un temps qui n'est pas humide, enterré de trois pouces et même plus, peut lever ; mais la nature nous démontre qu'il préfère être plus rapproché de la surface, puisque les grains qui tombent, lors de la moisson, dans les chaumes, lèvent souvent très-bien. N'avons-nous pas vu, après des semis de blé, tomber une si grande abondance de pluie, que toute opération de hersage devenait impossible ? Le blé cependant a bien levé, et n'a pas donné des récoltes à dédaigner. Nous n'en conclurons pas pourtant qu'il faille laisser le grain à découvert ; mais nous pensons qu'il y a toujours moins d'inconvénient à l'enterrer peu que beaucoup.

Votre grain est-il dans la terre, passez alors dans le fond de vos billons avec

une charrue armée d'un petit soc, pour
ne point faire de tort. Il suffit qu'un filet
d'eau puisse y passer. Ouvrez ensuite
des raies d'égout, des sangsues par-tout
où les pentes vous l'indiquent, pour recevoir les eaux des billons. Ne sont-
elles pas encore assez déterminées, qu'un
homme avec la bêche supplée à ce que
la charrue n'a pu faire.

Au printemps, si la souche du blé est
un peu scellée, parce que les terres ont
été frappées par les pluies de l'hiver,
hersez sans crainte à force, mais par
un temps sec et lorsque la rosée n'existe
plus, d'une ou deux dents. S'il y avait
beaucoup de mottes de terre, renversez
la herse sur le dos, et faites-la passer
dessus pour les écraser et réchausser le
blé. Si la terre était légère, passez-y
seulement un rouleau très-pesant.

Lorsque le tuyau de l'épi veut commencer à monter, il faut s'occuper de

faire extirper les mauvaises plantes. S'il
y avait du seigle parmi le blé, comme
il épie quatre à cinq semaines plutôt,
et qu'alors il est beaucoup plus élevé,
on peut le détruire avec un instrument
tranchant, qui en coupe et brise les tiges au-dessus du blé.

Craignez-vous que vos blés ne ver-
sent en herbe, il faut les effaner ; c'est-
à-dire, ôter les fanes supérieures, ayant
soin de ne point couper l'épi dans le
tuyau. Cette opération, dans le blé
d'une végétation extraordinaire, est de
rigueur, parce que les blés qui sont ver-
sés, avant la formation du grain, ne
produisent que de mauvaise litière, et
très-peu de bons grains. Néanmoins, il
est toujours désagréable d'y être forcé,
parce que les blés effanés ne produisent
jamais un aussi bel épi. Il vaudrait mieux
avoir employé le pacage au commencement du printemps.

» Dès qu'il voit du sillon sortir ses blés superbes ,

» Il livre à ses troupeaux le vain luxe des herbes.

La moisson doit se faire à la première maturité du blé ; on peut commencer même avant qu'il ait acquis toute sa dureté , pourvu que la paille soit bien sèche et que le grain soit bien formé , il n'en aura ensuite que plus de qualité. Si vous en laissez sur pied au-delà de ce terme , la grande sécheresse de la paille fait que les épis sont sujets à se décoller. Alors , il ne faut point faire travailler dans le milieu du jour.

» Faut-il couper le chaume ? on le coupe sans peine ,

» Quant la nuit l'a mouillé de son humide haleine.

La faucille , la sappe , ou faux à main , et la faux , sont les instrumens ordinaires pour couper le blé. La première est de rigueur pour les blés très-versés ; pour les autres , je préfère la seconde , parce qu'elle égraine moins que la faux

M

ordinaire, lorsqu'elle est maniée par d'habiles moissonneurs.

Jamais ne mettez de blé chargé d'humidité ni dans vos granges, ni dans vos gerbières.

Toutes les meules de grain doivent se construire sous la forme conique, mais ne commençant à diminuer qu'à la hauteur de douze ou quinze pieds, où il doit y avoir un peu d'élargissement. Pour procéder à une gerbière, prenez d'abord votre circonférence; mettez au milieu une gerbe les épis en haut, elle vous servira pour appuyer les autres contre elle, un peu de champ, l'épi toujours relevé et en vous éloignant jusqu'à l'extrémité. Ensuite, commencez par la circonférence, en plaçant le premier rang de chaque lit de gerbes ayant le talon à l'extérieur, et les autres en sens contraire, jusqu'au centre où les cercles de gerbes de chaque lit, viennent se terminer.

Sur une circonférence de huit à neuf pas de diamètre, on peut placer cinq à six mille gerbes ; lorsque le tassement a été bien fait et l'élévation bien ménagée. C'est un nombre assez considérable pour que le plombement du grain serre le tout si fortement, que la vermine, et sur-tout les rats, qui font tant de ravages dans les granges et sur-tout lorsqu'on ne les vide qu'une fois l'an, ne puisse s'y introduire. J'en ai vu rester entièrement intact pendant deux ans, tandis que le blé avait acquis ou conservé la plus belle qualité.

L'on a prétendu que les gerbières qui nécessitent des frais de déplacement, puisqu'il faut toujours, en dernier lieu, rentrer les grains dans les granges, causaient de grandes pertes. Nous pouvons assurer que lorsqu'on étend des toiles au pied des gerbières et dans les voitures, que les ouvriers lèvent et donnent les gerbes avec précaution, la perte et la dépense sont au-dessous des avantages.

Dans le midi de la France, où le blé tient peu dans la balle, l'opération du battage se fait en même temps que la récolte, par le trépignement des animaux. Plus au nord, le blé ne quitte l'axe de l'épi que difficilement, et il exige l'usage du fléau.

Naguère le batteur prenait une gerbe, la posait dans le milieu de l'aire, et frappait dessus quinze à vingt coups de fléau. Cette opération s'appelait *émoucher*. Il la déliait ensuite et la poussait dans un coin. Il opérait de même sur quatre ou cinq autres ; ensuite il les rapportait toutes dans le milieu de l'aire, pour achever, à coups redoublés, d'en faire sortir le grain qui se trouve dans le corps de la gerbe.

Aujourd'hui, il est rare de voir émoucher avec le fléau. Le batteur, pour mieux conserver la paille qui se brise sous cet instrument, délie la gerbe, en fait plusieurs grosses poignées, qu'il frappe, l'une après l'autre, sur un tonneau, ou sur une table, qu'on appèle *vache*; elle est à claire-voie; c'est-à-dire, formée par des écaillons distant d'un pouce environ; elle est un peu convexe, large d'un demi-mètre et d'une longueur double.

Le blé se nettoyait d'abord avec le van, espèce de grande corbeille d'osier, dont un côté, sans rebord, laisse échapper la paille, et sert à verser le grain; et ensuite avec le crible. Aujourd'hui, l'usage d'un instrument, qu'on appèle *tarare*, garni d'une trémie, armé d'un ventilateur et d'un grillage pour passer le grain, est plus général et beaucoup plus expéditif, et nettoie mieux.

Le blé étant si important pour la nour-

riture des hommes, on a cherché les
moyens de le conserver en magasin.
Lorsqu'un cultivateur ne veut pas vendre ses grains dans le cours de l'année,
le mieux c'est de le conserver en gerbières. Est-il dans son grenier, qu'il le
fasse remuer souvent. Il reste cependant la crainte des charançons, petit insecte qui éclot dans l'été auprès du germe
du blé où son espèce a déposé et enveloppé sa larve, et qui, après avoir vécu
aux dépens de la farine, sort par un
bout du grain, pour se métamorphoser
et vivre d'autres alimens. Le meilleur
moyen pour s'en garantir, c'est d'avoir
des murs et des planchers si bien crépis,
qu'ils n'y puissent trouver aucune retraite pendant l'hiver. Sous ce rapport,
les gerbières sont encore avantageuses,
parce que les charançons ne s'y intro-
duisent jamais.

Dans le midi principalement et dans

les pays chauds, il existe encore une
espèce d'alucite ou chenille, d'un peu
plus d'une ligne de longueur, qui se
nourrit dans les grains du froment et des
autres fromentacées ; laquelle cause encore plus de ravages que les charançons.
Les anciens n'en ont pas parlé, proba-
blement parce qu'ils l'ont confondue avec
la larve de ces derniers. Qu'elle ait
existé ou non, les Anglo - Américains
sont les premiers qui l'aient remarquée.
Dans les temps qu'ils combattaient pour
leur indépendance, elle leur a causé de
grands dommages : en quelques semaines, ils ont vu de grands approvisionne-
mens de grains réduits à quelques sachées de son. Les Anglais se sont cru
obligés, à cette époque, de défendre
l'importation des blés d'Amérique, par
cette raison. Bientôt le Gouvernement
français apprit que le même insecte exer-
çait de grands ravages dans l'Angoumois.

Il s'introduit, dans le blé, par les rai-
nures, et mange toute la farine, sans
toucher à l'écorse. Changé en nymphe,
il en sort par une très-petite ouverture :
ce qui fait qu'on ne s'aperçoit guère de
son existence qu'à la légèreté du grain.

Duhamel a pensé que cette chenille
pouvait déposer ses œufs dans le blé encore en épis. Pourtant elle ne se mul-
tiplie, en grande abondance, que dans
les greniers et dans de grands et gros tas
de blé, où son existence permet à la
fermentation et à une grande chaleur
de s'établir.

Nous avons eu de ces alucites dans
nos greniers : nous en avons arrêté, ou,
au moins singulièrement, diminué les
ravages, en étalant le blé, pour le refroidir, sur des planchers carrelés en terre
cuite, à un ou deux pouces d'épaisseur,
et en le remuant tous les jours. Il est
de fait qu'elles ne peuvent se développer

assez pour arriver à l'état de nymphes, sans une chaleur très-considérable, et que ne le pouvant, elles périssent.

Suivant M. Bosc, les bergeronnettes, qu'on peut mettre dans les greniers, en grillant les fenêtres, pour les empêcher de sortir, sont si avides de ces alucites, qu'elles les mangent à mesure qu'elles naissent, et qu'un petit nombre peut suffire à de vastes greniers, en les remplaçant par d'autres, lorsqu'elles sont engraissées.

Le seigle, *secale cereale*, réclame une partie des mêmes opérations que le froment. Il tient à un genre très-peu nombreux, et ses variétés se réduisent au seigle d'hiver et de printemps, lesquelles sont dues aussi à la culture. Ne convenant guère qu'aux terrains secs et sabloneux, il se sème rarement en billons. Il supporte le plus grand froid, et craint les grandes fraîcheurs. M. Ivart nous rapporte qu'il en a vu, couvert par l'eau, périr en moins de huit jours, tandis que le blé avait résisté pendant plus de quatre semaines.

Le seigle exige moins d'engrais que le blé, et peut donner autant de grain. Les oiseaux, lors de la moisson, le recherchent peu, et les lapins, ce fléau terrible de toutes les cultures, ne le paissent que par extrême nécessité. Il mûrit deux à trois semaines avant le blé, et permet, dans le nord de la France, de le faire succéder par des navets, qu'on est encore à temps de semer vers la fin de juillet.

Comme au printemps le seigle monte promptement en tuyau, plusieurs fermiers le cultivent seulement pour se procurer un premier pacage pour les moutons.

Le seigle est sujet à une terrible maladie, qu'on appèle *ergot*, qui semble

se manifester davantage dans les terrains
humides et compactes. C'est un grain
qui grossit et s'allonge démésurément,
qui a la consistance d'un champignon et
la forme de l'ergot d'un coq. Un épi
en porte quelquefois plusieurs. Lorsque
cette monstruosité entre dans le pain en
certaine quantité, c'est un poison fu-
neste. Des familles entières, comme plusieurs médecins l'ont constaté, en ont
été souvent les victimes. Elle attaque les
acticulations; et bientôt celles-ci sont
gangrenées. Il n'est pas encore prouvé
si le chaulage peut détruire l'ergot.

Le seigle nous porte à parler du mé-
teil; c'est-à-dire, des semis de seigle et
de froment mêlés ensemble dans des proportions différentes, suivant le caprice
des cultivateurs. Rien n'est plus mal en-
tendu que de semer l'une avec l'autre
des plantes qui mûrissent à des époques
différentes et qui s'affament réciproque-

ment. Le blé, il est vrai, après être épié, tend à s'élever aussi haut que le seigle, mais c'est en s'étiolant. Sa dégénération alors devient même si sensible, qu'il disparaît entièrement en très-peu d'années, si l'on ne diminue pas sans cesse dans le semis la proportion du seigle.

La farine de seigle fait une pâte qui lève mal, et un pain médiocre qui rafraîchit et se tient long-temps frais. Mêlée avec de la farine de froment, il en résulte un assez bon pain de ménage. Le seigle sert à faire de l'eau-de-vie de genièvre, et quelquefois à nourrir les chevaux, avec assez d'avantage, quand il n'est pas donné en trop grande quantité.

L'avoine, *avena sativa*, se divise, comme le froment, en un grand nombre de variétés, noire, brune, grise, blanche, jaune, rousse, en hivernale et printanière. Les deux variétés les plus connues dans la grande culture, sont les avoines à panicules unilatéraux, ayant les grains tournés du même côté, et celles à panicules circulaires. La première paraît plus délicate sur la nature du terrain, et sa paille est plus appétée par les animaux. L'autre est plus rustique, et sa paille est plus abondante.

L'avoine jaune est peut-être la plus productive de toutes, et la moins difficile sur le choix du terrain; mais elle n'est pas, et bien à tort, recherchée dans les marchés des environs de Paris. J'ai toujours trouvé celle que j'ai cultivée, mieux nourrie que la noire, plus farineuse, et moins sujette à dégénérer.

L'avoine est la plante par excellence pour les défrichemens de luzërnes, de sainfoin, de trèfle, etc. Dans ce cas, elle s'accommode d'un seul labour donné l'hiver pour mûrir le gazon, qui, après

le hersage, maintient les terres très-
meubles, comme l'avoine les réclame.

L'avoine, aimant la terre allégée,
vient parfaitement après les pommes de
terre, les topinambours, parce qu'ils
reçoivent des sarclages, et que leurs
arrachis achèvent de rendre la terre légère.

Elle s'accommode aussi de la couche
inférieure qu'on peut ramer à la surface.
Quand on veut augmenter la couche de
la terre végétale, c'est par la culture de
l'avoine qu'il faut commencer.

Dans l'assolement triennal, l'avoine
vient à la suite du blé sur un seul labour : encore si la terre est franche et
compacte, les pluies de l'hiver raffer-
missent-elles très-souvent le labour avant
le temps des semis. C'est sans doute
d'après ces vicieux travaux, que M. Tessier rapporte que dans la Beauce on
récolte, année commune, cent vingt

gerbes d'avoine par demi-hectare. Quand elle est bien cultivée, il n'est pas rare d'obtenir un produit double en gerbes, qui peut donner une quinzaine hectolitres de grains.

Il se trouve des terres fortes calco-argileuses, où un seul labour d'hiver peut suffire, parce qu'au mois de mars, après les gelées, ces terres si compactes dans d'autres temps, se trouvent parfaitement ameublies

Les avoines d'hiver se sèment en septembre et en octobre. Quant à celle du printemps, on dit que semée en février, elle remplit le grenier. Néanmoins, comme elle est sujette à geler, lorsque son germe est en lait, il vaut mieux, dans le nord, attendre, pour commencer à semer, les premiers jours du mois de mars.

Lorsque les avoines sont en herbe, on les herse par un beau temps. C'est, de

toutes les céréales, celles qui s'accommodent le mieux de cette opération. Il
s'en arrache un peu ; mais le reste n'en
pousse que plus facilement.

Une des plantes qui nuit le plus aux
avoines, c'est le *sinapis*, fausse moutarde qu'on nomme *sanve* dans quelques
pays. C'est une plante oléagineuse qu'il
faut avoir soin de détruire, parce qu'elle
effrite beaucoup les terres.

L'avron, *avena fatua*, pousse également avec l'avoine : et il est d'autant
plus essentiel de le détruire, que mû-
rissant plutôt, son grain tombe sur la
terre, dans laquelle il peut conserver,
pendant plusieurs années, sa vertu germinative.

L'avoine fait d'excellens gruaux : on
en fait quelquefois une bière légère et de
l'eau-de-vie de genièvre ; mais son objet
principal, c'est de nourrir les chevaux,
auxquels on la donne en grain.

Il y a trois espèces d'orge : l'*hordeum distichon*, orge à deux rangs, qui renferme la précieuse variété d'orge nue ; l'*hordeum hexastichon*, scourgeon, ou orge à six rangs, et l'*hordeum zeocriton*, orge éventail, ou faux riz. Les deux premières espèces sont les seules, en France, qui regardent la grande culture.

L'orge distique nue demande à peu près les mêmes opérations que l'avoine de printemps. Elle exige un terrain riche d'humus, chaud, et, par conséquent, plutôt calcaire que glaiseux. Le midi semble autant lui convenir que le nord à l'avoine. Ses racines pivotent plus que celles des autres céréales.

Quelques agronomes ont avancé que l'orge devait être semée plutôt que l'avoine. C'est toujours un bien d'être avancé. Néanmoins, nous pouvons assurer qu'elle supporte mieux un semis d'ar-

rière - saison. Aussi , dit-on , sur-tout
dans le nord de la France : *A la Saint
George , sème ton orge*. Nous en avons
semé plusieurs fois à la fin de mai, qui
est venue très-belle.

L'orge peut s'employer ou mondée ou
perlée , et remplacer le riz. Elle demande
plus de soin pour la faire crever ; mais
elle a peut-être plus de qualité et de déli-
catesse. Sous la forme panaire , sa farine
prend peu de liaison , et fait un pain
sec et très-médiocre. En petite quantité,
l'orge est excellente pour la nourriture
des chevaux. La proportion doit être les
deux tiers de celle de l'avoine.

Le scourgeon, orge à six rangs, ou
orge d'hiver, est l'espèce la plus productive. Elle surpasse le froment d'un
tiers : elle se cultive de même ; mais il
lui faut des terrains très-riches ; et les
départemens du nord lui conviennent
mieux que ceux du midi. Sa végétation

en herbe est vigoureuse : c'est de toutes les céréales la meilleure espèce pour faire des pâturages de printemps. Elle est aussi précoce que le seigle, bien plus abondante, repousse mieux après avoir été fauchée ou pacagée. J'en ai vu, faucher deux fois en vert, donner à la troisième pousse une belle récolte de grain.

Dans la Flandre, le scourgeon est principalement destiné à la fabrication de la bière.

Le millet et le sorgho, le maïs et le riz, ne seront jamais en France un objet principal pour la grande culture, parce qu'ils ne peuvent prospérer constamment qu'à une latitude au moins aussi chaude que celle de Bordeaux. Le millet et le sorgho produisent du pain détestable, comme le sarrasin. Le meilleur usage que les fermiers en pourrait faire, serait de l'employer comme fourrage.

Le riz, au moins celui connu en Europe , ne vient que dans les terrains où l'on peut introduire de l'eau pendant une partie de sa végétation , laquelle, d'ailleurs, rend souvent l'air des campagnes pestilentiel. La culture du riz a été long-temps défendue en France.

Le riz est très-abondant; et avec de l'eau pour le faire crever, et du sel pour l'assaisonner, le pauvre s'en fait une nourriture très-saine. Mais il est croyable que, n'ayant pas une farine aussi substantielle que le froment, et même que les autres céréales, si ce n'est l'orge qui en a encore une plus inférieure, il rend les hommes plus mous, et cause la différence d'énergie qui se trouve entre les Indiens et les habitans de l'Europe.

Le maïs offre beaucoup de variétés. Il n'y a peut-être pas de plante qui soit susceptible d'en offrir davantage. Il suffit de planter deux variétés à côté l'une de l'autre, pour en avoir une troisième.

J'en ai obtenu cinq à six par ce moyen. Le plus avantageux, dans les environs de Paris, est le moyen à huit rangs : le grand n'y mûrit pas toujours. Il y en a une petite variété très-précoce, nommée *maïs à poulet*, bonne pour confire comme les cornichons. Lorsque le grain est encore en lait, on fait confire les épis dans le vinaigre. Elle n'est pas assez productive en grain pour être cultivée en plein champ.

A la fin d'avril, ou au commencement de mai, lorsqu'il n'y a plus de gelées à craindre, on peut, dans les environs de Paris, planter le maïs par touffes espacées de dix-huit pouces. On le sème aussi à la volée, beaucoup mieux en rayons. Il demande des binages. Il est même avantageux de le buter, afin que les vents ne puissent pas en éclater les tiges. L'araire est précieux pour cet objet.

Le grand maïs est de toutes les graminées le plus productif. C'est une grande
ressource pour nos provinces méridio-
nales, où l'on en fait de prodigieuses
récoltes. Mais si l'homme, sans le secours des viandes et du lait, en faisait
autant d'usage que du riz, peut-être ne
rendrait-il pas les hommes plus nerveux..
M. Bosc nous assure que les chevaux
qu'on en nourrit en Amérique, sont très-
veules. On prétend que dans la Pensyl-
vanie, les Quakers, persuadés qu'il
adoucit le caractère, en nourrissent les
personnes condamnées aux prisons pour
des crimes. N'est-ce-pas une raison de
croire que cette nourriture leur donne
moins d'énergie et moins d'audace?

La farine de maïs mêlée avec celle de
froment, fait un bon pain de ménage.
Pour qu'elle ne s'oppose pas à la levure
et à la fermentation de la pâte, il faut
d'abord en composer, avec de l'eau, une

bouillie ordinaire, qu'on fait cuire, la verser dans le pétrin, et y joindre, après le levain, de la farine de froment, ce qu'elle en peut absorber, afin de composer une pâte convenable à la confection du pain. Le maïs est excellent pour engraisser les porcs, et tous les bestiaux sont avides de son feuillage.

CHAPITRE IX.

Plantes diverses, propres à la grande Culture.

Après avoir donné des détails sur la culture des céréales, il nous reste peu de choses à dire sur la plupart des autres végétaux qu'on cultive en plein champ dans notre pays, parce qu'une partie des mêmes opérations leur sont applicables. Ces végétaux peuvent se diviser en prairies artificielles, en plantes légumineuses, à racines pivotantes et à tubercules, oléagineuses et tinctoriales.

Parmi les prairies artificielles, aujourd'hui dignes de remarque, et qui par leur qualité et l'abondance de leur produit, peuvent écarter les autres qu'on pourrait employer à leur défaut, sont la luzerne, le sainfoin, le trèfle, la lupuline, le trèfle incarnat, la grande pimprenelle et la chicorée sauvage.

Toutes ces prairies, à l'exception du trèfle incarnat, se sèment pour l'ordinaire au printemps, par un temps humide, à l'aide d'un très-léger hersage, dans les avoines, les blés, les orges, soit à leur naissance, soit lorsqu'elles ont un pouce ou deux de végétation : ce qui sert à garantir le germe de la plante de l'ardeur du soleil. Le sainfoin, peu sensible à la gelée, s'accommode également bien des semis d'automne. On peut le semer aussi plûs avantageusement que les autres prairies, à terre nue, parce que si la terre a été bien fumée, on peut espérer une bonne récolte dès la première année.

La luzerne, *medicago sativa*, aime les terres franches, profondes et un peu fraîches. Elle prospère encore bien dans

O

les sables gras et profonds, qui reposent sur une argile marneuse ou autre terre qui ne retient pas trop les eaux, dont le séjour la ferait périr promptement. Elle peut durer dix, douze et même quinze ans, suivant que le sol permet à ses racines de s'étendre et de prendre de la force.

Il faut environ douze kilogrammes de graine de luzerne pour emblaver un hectare de terre. La première année, le plan n'ayant encore que de faibles racines, il convient d'en écarter les bêtes à laine qui, en le paissant, le feraient périr en partie. A la seconde année, la luzerne est déjà abondante, et à la troisième, elle est dans toute sa force. Lorsqu'elle vieillit, de vigoureux hersages avec des dents de fer, et le plâtre ou le gypse, comme nous en avons déjà fait mention, peuvent la ranimer pour quelques années. Son dernier âge se fait remarquer par la diminution des

souches qui périssent successivement ;
et c'est le temps d'y mettre la charrue,
pour rendre la terre aux assolemens ordinaires.

Une bonne luzerne peut donner, année commune, par hectare, à la première coupe, qui renferme toujours quelques plantes de prairies naturelles, huit
cents bottes de fourrage, du poids de
cinq à six kilogrammes ; cinq cents à la
seconde, et deux cents à la troisième.
Pour obtenir un fourrage qui ne soit pas
trop dur, il faut la couper au moment
précis de la fleur, et par un temps qui
puisse permettre de la faner et de la
rentrer sans pluie.

Prise en vert, la luzerne est sujette à
causer le météorisme : mais lorsqu'elle a
jeté son feu dans le grenier, c'est un des
meilleurs fourrages pour entretenir en
bon état les chevaux, les bœufs et les
bêtes à laine.

O 2

Le sainfoin, *hedysarum anobrichis*, connu dans l'agriculture depuis environ deux siècles et demi, se plaît, comme presque toutes les plantes, dans les terres de bonne qualité. Sa durée égale à peu près celle de la luzerne. Ce qui le rend très-avantageux, c'est qu'il peut s'accommoder aussi des terres calcaires, pierreuses, lorsquelles sont riches d'engrais et d'amendemens. Il les rend ensuite favorables à la culture du blé. Dans les terres calcaires, il n'a pas une longue durée.

Depuis quelques années, on en possède une variété à deux coupes, qu'on tire principalement des environs de Péronne. En terre médiocre, ses produits peuvent être égaux à ceux des premières et troisièmes coupes des meilleures luzernes. Le sainfoin fleurit deux à trois semaines avant ce dernier fourrage. Vert comme sec, il ne présente aucun incon-

vénient pour les bestiaux : il passe pour
être également très-substantiel, et il a
tiré son nom de ses excellentes qualités.
Cependant, après neuf ou dix mois, il
devient un peu poudreux, et il se conserve difficilement.

Le sainfoin se sème à peu près dans les
mêmes proportions que la luzerne ; mais
presque toujours on emploie la graine encore enveloppée dans la gousse. Dans
cet état, il en faut au moins deux hectolitres et demi par hectare, et l'enterrer
avec la herse comme le blé, mais plus
légèrement.

La culture du trèfle, *trifolium ru-*
bens, ne remonte guère au-delà de celle
du sainfoin. Il en faut environ huit kilogrammes pour emblaver un hectare.
La graine qui provient d'une terre où il
se plaît beaucoup, influe considérable-
ment sur ses produits. Il réclame les
bonnes terres à froment. La première

année, si on l'a semé dans des céréales, il donne quelquefois une coupe après la moisson, vers le mois d'octobre. A la deuxième année, il est dans toute sa force. Il fleurit quelques jours après la luzerne, dont il peut égaler les produits. Il ne donne guère que deux coupes. La troisième pousse, étant trop en retard pour la fanaison, s'enfouit comme engrais, ou sert pour le pacage. Il peut durer trois ans; mais il est rare que, dans la grande culture, on le laisse parvenir à cet âge. Là, on le fait entrer dans les assolemens ordinaires. On le sème la première année dans les céréales; à la seconde, il remplace la jachère. Après, on le retourne pour emblaver le terrain en céréales, et principalement en froment.

En vert, donné inconsidérément, il est sujet, comme la luzerne, à météoriser les animaux. Lorsqu'il a jeté son feu, après le fanage, c'est peut-être le plus nourrissant des fourrages ; mais il échauffe les chevaux, et leur fait beaucoup de sang. Il nous a toujours paru prudent de ne pas le leur donner seul pour nourriture, mais de l'entremêler avec d'autre par tiers ou par moitié.

La lupuline, *médicago lupulina*, dont la culture date de très-peu de temps, convient principalement aux terres un peu calcaires, et elle peut y faire avec le sainfoin, la base des prairies artificielles, comme le trèfle et la luzerne le font dans les terres franches. Le semis s'en fait comme celui du trèfle ordinaire, ou lorsque la graine est encore dans sa gousse, comme celui du sainfoin. Elle le surpasse en précocité, fait un aussi précieux fourrage, et elle peut se conserver plusieurs années dans toute sa bonté.

Quand on veut récolter de la graine des prairies artificielles dont nous venons de parler, on garde des secondes pousses , auxquelles on laisse parcourir toutes les périodes de leur végétation , à l'exception de la lupuline et du sainfoin dont la graine doit se tirer de la première coupe , la seconde étant presque toujours nulle. Dans le sainfoin à deux coupes , il faut tirer la graine de la seconde, crainte de le faire dégénérer.

Le trèfle incarnat , *trifolium incarnatum* , est une plante annuelle , qu'on peut semer en juillet , août ou septembre sur le chaume du blé , de l'orge ou de l'avoine , après avoir sarclé la terre avec une herse à dents de fer , et même à dents de bois , si la terre s'entame facilement. Il fournit un pacage très-précoce et très-abondant , et on peut le remplacer par des haricots , des navets , ou autres plantes qu'on peut encore semer vers le milieu du printemps ou le commencement de l'été. Vingt-cinq à trente kilogrammes suffisent pour un hectare.

Le semis de la grande pimprenelle, *poterium sanguisorba*, se fait comme celui de sainfoin. Dans les bonnes terres, elle donne de grands produits ; mais le fourrage sec en est très-dur. Sa plus grande utilité, c'est de donner dans les terres crayeuses peu productives, des prairies saines, et sur-tout pour les bêtes à laine. Elle a aussi l'avantage d'être précoce et même de végéter presque dans toutes les saisons.

La chicorée sauvage se sème aussi au printemps, souvent parmi les avoines. Son fourrage en vert, le seul dont on puisse faire usage, est abondant dans presque tous les terrains. Il se coupe quatre à cinq fois par an ; il a l'avantage d'être purgatif, fortifiant et d'augmenter l'appétit des animaux.

Sous le nom de plantes légumineuses, nous comprendrons les vesces, les pois gris, les lupins, les gesces, les lentil-

lons, les féveroles, employés généralement pour la nourriture des animaux ;
et les fèves, les haricots, les pois, les
lentilles, pour la nourriture de l'homme.

Dans les départemens septentrionaux,
on sème les premières de ces plantes aux
mêmes époques que les avoines et les
orges. Il y a des vesces et des lentillons
qu'on peut semer en automne. Toutes
les bonnes terres conviennent aux plantes légumineuses. Les lentilles et les lentillons grènent mieux dans les terres un
peu calcaires, et les fèves et les féveroles
conviennent aux terres fortes, qu'elles
disposent pour la culture du froment.
Les vesces d'automne, qu'on appèle
dragées, lorsqu'elles sont mêlées d'un
douzième d'avoine, de seigle ou d'orge
d'hiver, viennent aussi très-bien dans
les terres un peu calcaires, lorsqu'elles
sont bien engraissées.

La vesce, *vicia sativa*, lorsqu'elle

est en fleurs ou près de fleurir , fournit un excellent pacage pour les moutons. En cosse , elle fait un fourrage très-nourrissant pour les chevaux ; elle peut entrer pour moitié dans leur nourriture.

Il est essentiel de couper la vesce , ainsi que les lentillons et les pois gris , desquels on veut faire du fourrage , lorsque les cosses sont encore verdâtres , afin qu'elles ne laissent point échapper le grain et que les tiges en soient encore savoureuses. Un hectolitre et demi de semence de vesce suffit pour un hectare de terre. La cuscute attaque quelquefois la verce comme la luzerne. Dans ce cas , il n'y a d'autre remède que de la faire consommer en vert.

Les pois gris ou pois des champs, *pisum sativum*, et les lentillons, *ervum lens-minor* , se cultivent comme la vesce ; ils sont employés aux mêmes usages. Les pois procurent un fourrage sain et rafraîchissant , un peu relâchant et sujet à causer des vents; et les lentillons, un fourrage de première qualité. Il faut trois hectolitres de pois pour emblaver un hectare de terre. Il ne faut qu'un hectolitre de lentillons.

Les lupins , *lupinus albus* , et la gesse, *lathyrus sativus*, peuvent s'employer aux mêmes usages que les pois et les vesces. Ils demandent la même culture , et possèdent , comme fourrages , des qualités qui ne peuvent soutenir la concurrence. La gesse est peu délicate sur le terrain.

Les féveroles , *faba minor*, peuvent servir pour le pacage ; mais on les emploie rarement à cet usage. Parvenues à maturité , elles peuvent , concassées ou entières, remplacer avantageusement l'avoine pour la nourriture des chevaux. Les cochons en sont aussi très-avides , et sur-tout lorsqu'elles sont concassées ou ramolies et renflées dans l'eau.

Il en faut quatre hectolitres pour emblaver un hectare de terre : leur grenaison, en mesure égale de terrain, peut égaler celle du scourgeon. Les autres plantes légumineuses peuvent égaler celle du blé; mais l'une et l'autre sont sujettes à la coulure ou à peu fleurir, surtout lorsqu'elles poussent beaucoup en herbe, ou qu'elles sont arrêtées par une trop grande sécheresse.

Toutes les plantes légumineuses qui servent pour la nourriture des chevaux, et que dans beaucoup de pays on appèle *bisailles*, parce que le grain en est recherché par les pigeons bisets, se sèment ordinairement sur un seul labour, par le moyen duquel on enterre les fumiers.

Plusieurs agronomes conseillent de semer les bisailles en rayons, afin de pouvoir leur donner des sarclages. Lorsqu'étant semées à la volée, elles commencent à végéter, on peut pourtant les herser pour servir de sarclage, et bientôt, si la terre a été engraissée convenablement, elles acquièrent assez de force pour couvrir le champ, et détruire elles-mêmes toutes les plantes étrangères.

Pour les fèves, les haricots, les pois et les lentilles, la terre doit recevoir à peu près les mêmes façons que pour les bisailles. On plante quelquefois ces légumes à la touffe espacée d'un tiers de mètre. Pour chacune, trois fèves suffisent, sept à huit pois, autant de lentilles et cinq à six haricots, et quelquefois moins, suivant la variété. Dans la grande culture, l'économie demande qu'on les plante en rayons et qu'on les bine avec l'araire. Il est cependant très-utile de compléter le travail à bras avec la binette.

Le grain de la fève soit encore vert,

soit après sa dessication , procure une nourriture très-saine. Il y a des pays où les purées qu'on en fait , composent d'excellentes soupes pour la nourriture des domestiques employés aux exploitations rurales. On peut semer les fèves depuis la fin de février jusqu'à la fin d'avril.

Les pois se sèment aux mêmes époques : ils peuvent s'employer aux mêmes usages. Ils préfèrent des terres douces et légères.

Les lentilles sont très - recherchées pour la table , sur laquelle on les sert en grain ou en purée.

Les haricots , *phaseolus* , comme les lentilles , ne servent guère que pour la table. Il s'en emploie beaucoup en vert , en petites cosses ou en grain. Les haricots nains sont à préférer pour la culture des champs. Ceux de couleur sont les plus rustiques. Le gros flageollet et le soisson sans rame, donnent cependant de très-beaux produits, lorsqu'ils sont cultivés avec soin.

Les haricots demandent les terres les mieux ameublies et au moins deux binages : le premier, lorsqu'ils ont quelques feuilles ; et le second, lorsqu'ils sont près de fleurir.

Les tiges et les cosses des haricots et des fèves sont excellentes pour chauffer le four : elles procurent des cendres de très-bonne qualité, qui renferment beaucoup de potasse.

Les plantes oléagineuses qu'on cultive en plein champ, sont principalement : le pavot somnifère, le colza, la navette, la caméline, le lin, le chanvre et le sénévé ou la moutarde.

Le pavot, *papaver somniferum*, dont la graine est très-petite, doit être semé clair en automne ou au printemps. Le semis d'automne, de même à l'égard de toutes les autres plantes qui peuvent l'admettre, est pour l'ordinaire plus avantageux. Une petite pluie est suffisante pour l'enterrer. Le pavot demande la terre la plus riche, la plus douce, la mieux engraissée et amendée, et de fréquens sarclages faits à la main avec des binettes. Il faut en laisser un pied tous les huit à neuf pouces. Quand le pavot est à maturité, on en coupe les tiges, dont on fait achever la dessication, en les réunissant debout en forme de faisceaux et avec beaucoup de précaution, afin que les graines ne s'échappent point des capsules par la houpe supérieure.

Les tiges sont-elles bien desséchées, on les porte sur des draps, pour y briser les capsules et recueillir la graine, qu'on fait encore sécher au soleil, pour lui faire perdre son eau de végétation.

La graine de pavot, comme celle de

toutes les plantes huileuses, doit être bien nettoyée et vanée, parce qu'au moulin les matières étrangères absorberaient une partie de son huile, et pourraient en altérer la qualité.

Le pavot sert en médecine. Dans les Indes, on en tire de l'opium, par des incisions à son tuyau, lorsqu'il est dans la force de sa végétation. En France, sa culture a pour objet principal l'huile qu'on en peut extraire, connue dans le commerce sous le nom *d'huile d'œillet*, la meilleure, en fait d'aliment, après celle d'olive. Comme elle est inodore, beaucoup de personnes lui donnent même la préférence. Le marc de l'huile d'œillet engraisse les bestiaux et les volailles.

Le colza, *brassica arvensis*, tient le second rang comme plante huileuse propre à la grande culture. L'huile qu'il donne, s'emploie presque exclusivement

pour la préparation des cuirs et des laines. Elle est bonne pour éclairer. On
s'en sert aussi comme aliment, mais elle
est très-médiocre pour cet usage.

Le colza succède-t-il à du froment ou
à de l'avoine, aussitôt après la moisson
on retourne le chaume par le moyen
d'un binage, duquel on profite pour enterrer du fumier très-pourri. Vers le
mois d'octobre, on donne un labour de
sept à huit pouces de profondeur, pour
mettre en terre le plant du colza qu'on a
élevé en pépinières comme des choux,
en l'accottant, de huit en huit pouces,
sur le côté d'une raie ouverte qui se
trouve remplie par la raie suivante.

Il faut sarcler le colza. Quand la terre
est meuble, il suffit de le herser : sa
prompte et vigoureuse végétation le rend
bientôt maître du terrain.

C'est ordinairement vers la fin de juin
que le colza parvient à maturité. Après

l'avoir coupé, on le place sur le terrain pour achever sa dessication, les siliques en haut, et par grandes brassées retenues avec des liens, appuyées les unes contre les autres, et formant de longues rangées. On bat le colza sur des toiles dans le champ même qui l'a produit. Les vaches mangent les menues-pailles qui sortent du vanage ; et le pain ou le marc dont on a exprimé l'huile, peut servir à engraisser tous les bestiaux.

La navette, *brassica napus*, dont l'huile a les mêmes propriétés que celle du colza, se sème en automne, à raison de cinq à six livres par hectare, et, comme toutes les petites graines, se couvre trèspeu. Il y en a aussi une variété pour le printemps. On peut herser pour tenir lieu de sarclage. La navette se cultive quelquefois pour le pacage. Elle s'accommode des terres calcaires et de toutes les terres un peu meubles naturellement.

La caméline, *myagrum sativum*, produit une huile préférable à toute autre pour l'éclairage. C'est aussi de toutes les graines de plantes oléagineuses celle qui, à poids égal, fournit la plus grande quantité d'huile.

La caméline demande une terre allégée et ameublie par la culture. On peut fumer celle-ci en hiver, et enfouir l'engrais par le moyen d'un binage. On herse à force au beau temps pour bien adoucir le terrain ; et un peu avant de semer, on donne un labour, qui d'ordinaire maintient toujours l'engrais entre deux terres, et le plus près possible de la surface.

On peut semer la caméline après avoir égalisé le terrain avec la herse, à raison de quatre kilogrammes par hectare, depuis la mi-avril jusqu'à la fin de mai. Une petite pluie peut la couvrir: on peut aussi le faire en passant seulement le rouleau, qui la couvre avec les petites mottes qu'il brise et qu'il étale sur la graine. Trois mois suffisent à la caméline pour parcourir en entier le cercle de sa végétation. On peut la scier comme l'avoine ,. la laisser pendant quelques beaux jours sécher en javelles , la rentrer en grange , ou mieux la battre de suite sur de grandes toiles , comme le colza. C'est une opération qui se fait avec facilité et très-promptement. On peut aussi la cultiver pour le pacage.

La caméline peut produire , comme le pavot , une quinzaine d'hectolitres de graine par hectare. Les autres plantes huileuses peuvent les surpasser d'un tiers et plus.

Les tiges de la caméline sont filamenteuses , mais donnent une filasse médiocre. Elles sont bonnes pour litière.

Quelques bestiaux , les vaches sur-tout, en mangent, après le battage , les pa-

nicules et les menues-pailles des capsules. Elles peuvent aussi servir de combustibles comme les tiges des autres
plantes oléagineuses.

Le sénévé, ou la moutarde, *sinapis
nigra*, duquel on extrait une huile ré-
solutive, ou forme une pâte dont on se
sert comme aliment propre à exciter l'appétit, se sème en mars, dans les mêmes
proportions que la navette, et se récolte
à la fin d'août. Il demande une terre de
première qualité, un peu légère et plutôt humide que sèche.

Observons qu'en général les graines
huileuses, pour perdre leur eau de végétation et acquérir une bonne qualité,
ne doivent être envoyées au moulin que
deux ou trois mois après la récolte, et
que dans cet intervalle il faut les remuer très-souvent, parce qu'elles ont
une grande tendance à s'échauffer et à
moisir.

Le lin, *linum usitatissimum*, pour
bien prospérer, demande plusieurs labours, des terres très-meubles, profondes, et riches de bons engrais bien con-
sommés. En France, les agronomes dis-
tinguent assez généralement trois variétés de lin : le grand lin ou lin de fin
qui pousse un peu grêle, peu branchu,
et procure le plus beau fil ; le lin têtard,
plus fort, plus rameux, moins élevé,
produisant une filasse inférieure et portant beaucoup de graine ; par conséquent,
il doit être préféré, quand l'extraction
de l'huile est le but principal de la culture. La troisième variété est le lin
moyen, qui tient le milieu entre les deux
autres, et dont la culture est la plus ré-
pandue. Il y a aussi du lin hivernal et du
lin marsais ; mais le premier étant souvent
détruit par les gelées, est très-peu cultivé.

L'on croit assez généralement que le
lin a une grande tendance à dégénérer.

On a prétendu qu'il fallait renouveler
la graine et la tirer de l'étranger. Riga,
principalement, était en possession d'en
fournir une grande quantité pour la Flandre. Cependant, comme les Hollandais
faisaient cette commission, souvent ils li-
vraient pour de la graine étrangère, celle
de leur propre pays, et l'on s'aperce-
vait rarement de la fraude.

M. Tessier, l'un de nos citoyens les
plus zélés pour affranchir son pays de
toute importation, et, par conséquent, de
tout tribut étranger, a prouvé, par son
expérience, que nos graines de lin ne
devenaient point inférieures, lorsqu'on
les soumettait à des semis convenablement espacés pour la prospérité parfaite
de la plante, et que la dégénération pro-
venait seulement de ce qu'on tirait la
graine ou d'un terrain qui lui convenait
peu, ou d'un plant qu'on avait semé trop
dru, afin d'avoir du lin fin, et qu'on

Q

arrachait aussi avant l'entière maturité.
Ce qui n'est peut-être pas encore sans
défaut sous le rapport du fil ; car lorsque le lin est arraché trop vert, la filasse
peut être plus douce , plus fine , mais
beaucoup plus cassante.

On peut semer le lin depuis le moment où les gelées ne sont plus à craindre,
jusqu'à la fin de mai. Lorsqu'on a en vue
d'obtenir du grain , cent kilogrammes
peuvent suffire pour emblaver un hectare de terre, et la quantité s'augmente
à proportion qu'on veut obtenir du fil
plus ou moins fin. Elle peut aller jusqu'au double et même au - delà , sur-
tout lorsqu'on veut obtenir ce tissu admirable , qui forme les baptistes et les
dentelles de Flandre.

Le lin , qu'il faut semer dans un moment de fraîcheur, pour qu'il lève promptement, veut être enterré au plus d'un
demi-pouce ; or, il faut le semer sur

une terre sans motte , bien réduite de hersage , et où le séjour des eaux ne soit point à redouter , c'est-à-dire , bien planchée ou billonnée , s'il est nécessaire.

Lorsque le lin a deux ou trois pouces de hauteur , il faut détruire les mauvaises herbes qui auraient pu lever avec lui. La cuscute pourrait l'attaquer comme la vesce: alors , il faut en arracher toutes les portions qui en sont infectées , afin que le mal ne se propage pas davantage.

Les grandes sécheresses sont très-nuisibles à la végétation du lin , et les trop grandes pluies ne lui sont pas moins préjudiciables.

Le lin arrive-t-il à maturité , on l'arrache et on le réunit par petites javelles , qu'on couche sur la terre , ou qu'on dresse debout , en forme de faisceaux , pour compléter le desséchement des tiges et des graines.

Est-il bien desséché, on en extrait la graine, soit dans le champ même qui l'a produit, soit dans la grange où l'on a pu le rentrer comme les céréales. Pour obtenir la graine du lin, on le prend par poignée, on pose les extrémités sur un banc, et on frappe dessus avec un battoir. La table qui sert pour le battage du blé, pourrait servir au même usage. Quelquefois aussi on obtient la graine, en faisant passer les extrémités des tiges à travers les dents d'une espèce de peigne à dents de fer ; ce qui a l'inconvénient de le mal égrener et de rompre des tiges.

Après l'extraction de la graine, on réunit plusieurs poignées, on les égalise par le talon, ayant soin que toutes les tiges soient dans le même sens parallèle, et alors on en fait de petites bottes, pour être ensuite portées au rouissoir.

Le rouissage a pour but de dégager,

par la fermentation, les fibres corticales de la partie boiseuse, dite *chenevotte*, qui les enveloppe. Pour cela, en automne, après la récolte, si le temps est encore chaud, ou au printemps suivant, on place dans l'eau, par couches régulières, les petites bottes de lin, qu'on appuye avec des pierres, de la terre ou des morceaux de bois. On les retire aussitôt qu'on reconnaît que les fibres corticales se séparent aisément des autres parties; on les lave et on les fait sécher promptement, soit à l'air libre, soit artificiellement.

Les eaux stagnantes et les petits ruisseaux qui coulent lentement, sont propres au rouissage. Dans les eaux vives, la fermentation s'établit avec trop de difficulté. Il est important de choisir un lieu assez éloigné des habitations, parce que le rouissage corrompt les eaux et infecte l'atmosphère environnant. On fait rouir aussi à la rosée sur des prairies.

Le lin est-il roui, il faut séparer la filasse de la chenevotte. La plus simple manière de faire cette opération, c'est de prendre le lin par poignée et de le frapper, étant posé sur une espèce de banc, avec un battoir. La chenevotte étant bien brisée, on passe et on repasse avec soin la poignée sur l'angle du banc, et ensuite on la secoue d'une main pour faire tomber le reste de la partie boiseuse. Dans plusieurs endroits, on opère avec plus de célérité, en faisant passer le lin sous la meule d'un moulin qu'on appelle *ribe*.

La chenevotte est-elle séparée, il faut serancer, ou, pour mieux dire, démêler, avec une espèce de peigne à dents de fer, la filasse, ôter l'étoupe, c'est-à-dire, rendre nette et unie la filasse, dont on forme ensuite des poignées, qu'on lie

pour être livrées au fabricant de toiles. Serancer est une opération qui demande le
plus grand soin : l'ouvrier qui prendrait
de trop grosses poignées, qui employerait
trop de force , casserait les fibres et ferait beaucoup d'étoupes. Il faut donc employer une force modérée, en commençant le serançage par l'extrémité des tiges , et en n'avançant au talon qu'à fur
et à mesure.

Le chanvre , *cannabis sativa* , par
l'embarras des sarclages et de l'arrachis
des pieds mâles et femelles qu'on doit
faire à différentes époques , et consé-
quemment avec un soin qui entraîne de
la lenteur , pour ne pas briser les tiges
qu'il faut laisser , ne convient guère
qu'aux petites exploitations.

Cette plante, dont la filasse , comme
on sait , si utile pour les cordages et sur-
tout pour les toiles à voile , est plus
grossière , mais plus abondante que celle

du lin : elle se sème dans les mêmes
proportions que le lin, vers le mois
d'avril, de mai et le commencement de
juin. Elle épuise autant la terre, demande autant d'engrais, et à peu près
les mêmes façons que le lin. Si la Bretagne, qui a tant d'excellentes terres,
et qui est arrosée si souvent par les
pluies du ciel, voulait s'y adonner particulièrement, elle en tirerait des som-
mes immenses.

Dans plusieurs endroits, on a l'habitude de faucher tout le chanvre à la fois.
Cette pratique est très-vicieuse, puisque
les pieds femelles qui portent la graine,
ne se desséchant que beaucoup après les
autres, ne peuvent, étant coupés avant
leur maturité, donner qu'une filasse très-
médiocre. Il faut observer aussi que le
mâle, donnant un fil plus fin et plus doux,
demande à être roui séparément.

Parmi les plantes cultivées pour leurs

racines, nous distinguerons la betterave, la carotte et le panais, le rutabaga et les navets, les pommes de terre et les topinambours.

De la betterave, *beta vulgaris*, on a extrait, depuis quelques années, un sucre qui approche, pour la qualité, de celui de la canne des Indes; mais en trop petite quantité pour soutenir la concurrence.

Il faut pour la cultiver, un binage d'hiver, servant à enterrer le fumier, et un labour au printemps, qui peut recevoir dans le courant d'avril ou dans les premiers jours de mai, lorsque les terres sont froides, la semence de cette plante, à raison de trois décalitres par hectare. Il faut sarcler aussitôt que la betterave a poussé ses premières feuilles, et en laisser un pied tous les neuf à dix pouces. On sarcle encore lorsqu'elle commence à vouloir prendre du volume.

Avant les gelées, il faut arracher les betteraves. Indépendamment du sucre qu'on en peut extraire, on peut, étant cuites sous les cendres, les manger en salade. Les vaches et les bêtes à laine s'accommodent de leurs racines et de leurs feuillages. La culture de la betterave prépare la terre pour celle du froment.

La carotte, *daucus carrota*, se sème ordinairement en mars sur des terres meubles et des labours profonds. On peut la semer jusqu'au mois de juin : elle exige des sarclages à la main. Il faut les espacer de trois à quatre pouces. Tous les bestiaux aiment ses feuillages et ses racines : les chevaux aiment les carottes, qui sont excellentes d'ailleurs pour les rafraîchir.

Le rutabaga, *brassica rutabaga*, ou navet de Suède, peut se cultiver comme plante huileuse, mais avec désavantage : il exige autant de soins et les

mêmes terres que le colza. Les produits
en nature pourraient soutenir la concurrence, mais non l'huile qu'on en peut
extraire.

Semé au printemps, le rutabaga donne
un abondant feuillage et de gros navets,
qui ne sont pas sensibles aux gelées.
Sous ce rapport et sur celui de ses pro-
digieux produits, il mérite aussi une
grande recommandation. On peut aussi
le semer en automne, pour servir de pacage précoce.

Les navets, *brassica napus*, dont
une variété est excellente pour la cuisine, et plusieurs autres pour les vaches et les moutons, se cultivent comme
seconde récolte, sur la fin du printemps
ou au commencement de l'été. Il faut
les semer par un temps de pluie, et les
espacer en les sarclant, à peu près comme les carottes. Il est étonnant que dans
le midi sur-tout, on ne tire pas un meil-

leur parti d'une plante si précieuse, si
propre, par l'abondance de la nourriture
qu'elle procure, à multiplier le nombre
des bestiaux, sans nuire à la culture des
autres plantes, puisqu'elle ne leur succède que quand le champ est libre, et ne
doit plus rien produire pendant le reste
de l'année.

Dans une terre douce et légère, les
navets ont plus de qualité pour la nourriture de l'homme. Il y en a des variétés
qui supportent en terre cinq à six degrés
de froid du thermomètre de Réaumur.
Ils préparent la terre pour la culture des
céréales.

La pomme de terre, *solanum tube-
rosum*, doit tenir un des premiers rangs
dans toute économie domestique bien
entendue. M. Parmentier a contribué
beaucoup par ses écrits à la faire propager en France. Elle offre une substance alimentaire très-saine et très-facile

à digérer : elle exige peu d'apprêt. Cuite seulement sous les cendres ou à la vapeur, et mangée aussitôt, elle a une saveur très-agréable ; dans cet état, tous les enfans entre autres en sont avides. Les animaux domestiques la recherchent autant que les hommes. Lorsqu'on veut les en nourrir, il est économique de la faire cuire au four, qu'on chauffe un peu plus que pour le pain, sur-tout si on en fait cuire tout autant que le four en peut contenir, en le remplissant complétement. J'en ai fait cuire jusqu'à quarante boisseaux à la fois. Les moutons qui en sont engraissés, ont une chair délicieuse.

La culture de la pomme de terre augmente singulièrement la sécurité contre les disettes. Elle ne craint ni les tempêtes, ni la grêle, qui ravagent si souvent les céréales, et ses produits sont immenses. Un hectare en peut procurer

une récolte de trois à quatre cents hectolitres, qui peuvent faire la base principale de la nourriture de quinze à vingt
personnes. La fécule amilacée qu'on retire de ce précieux tubercule, peut composer des soupes pour la table des grands,
et des biscuits de Savoie, et autres
pâtisseries de choix. On en fait aussi
des bouillies excellentes, principalement
pour rétablir les personnes attaquées de
consomption; enfin, sa fécule rend les
sauces des ragoûts moins visqueuses et
moins collantes que la farine de froment,
et d'une digestion plus facile.

Il existe beaucoup de variétés de pommes de terre, blanches, rouges, jau-
nes, violettes, rondes ou longues, et
toutes plus ou moins hâtives. Dès la mi-
juin, on en peut récolter.

Pour bien prospérer, la pomme de
terre ne veut pas un champ trop appau-
vri. Cependant le fumier affaiblit ses qua-

lités. Voulez-vous préparer la terre à la
recevoir, donnez un binage en hiver ou
au printemps, et plantez dans le courant
d'avril par le moyen d'un bon labour,
lorsqu'il n'y a plus de gelées à redouter.
On les place dans un sillon sur trois,
en les espaçant de deux tiers de mètre,
en observant de ne point les placer dans
le fond de la raie, mais sur le côté, en
terre douce, et de manière seulement
que la terre du rayon suivant puisse les
couvrir. Si la pomme de terre est très-
forte, on peut la partager, pour en faire
autant de touffes, en morceaux qui renferment cinq ou six yeux. Le premier
sarclage peut se faire avec la herse, avant
qu'elles lèvent, et encore lorsqu'elles
ont deux à trois pouces de hauteur, sans
craindre de leur faire tort ; et le second
avec l'araire, qui sert en même temps
pour les buter.

Il faut arracher les pommes de terre

avant les gelées, qu'elles redoutent beaucoup ; et lorsqu'elles sont sèches et dégarnies de terre, les porter à la cave. Ceux qui n'ont pas de caves assez spacieuses, peuvent ouvrir des tranchées de cinq ou six pieds de profondeur, les déposer dedans, et les recouvrir avec de la terre, qu'on élève un peu en dos-d'âne pour chasser les eaux. Il vaut encore mieux, lorsqu'on le peut, construire, pour leur servir d'abri, des meules de paille, qu'on soutient avec de fortes perches, placées en travers sur les tranchées.

Vers le mois d'avril, les pommes de terre germent et perdent bientôt leur qualité. Voulez-vous en conserver d'une année à l'autre, faites à la fin de l'hiver, dans des terres non humides, des tranchées profondes : les pommes de terre que vous y déposerez étant recouvertes de trois à quatre pieds de terre, et ne

pouvant y germer, faute d'air et de fraîcheur, s'y conserveront assez long-temps
en bon état, pour attendre une nouvelle
récolte.

Les topinambours, *helianthus tube-
rosus*, excellens pour la nourriture des
porcs, des moutons, des vaches et même des hommes, ayant beaucoup, pour
la saveur, de rapprochement, après la
cuisson, avec les culs d'artichauts, se cultivent comme la pomme de terre. Ils peuvent aussi, si on les fume tous les trois à
quatre ans, rester dix à douze ans dans le
même terrain. Ce qui en reste après l'arrachis, est suffisant pour le plant de l'année suivante : mais n'étant plus aligné, le
sarclage doit se faire à bras avec la binette.
Près de Paris, ce sarclage peut coûter
15 francs par demi-hectare : faible dépense, si on considère qu'il n'y a pas de
frais à faire pour le semis, et qu'on récolte dans cette étendue de terrain, soi-

xante, soixante-dix et même cent sachées de tubercules, de quinze décalitres chacune. Les topinambours ont l'avantage de ne point se décomposer à la suite des gelées, de pouvoir toujours rester en terre, pour être arrachés au fur et à mesure des besoins, sans autres préparatifs que d'être nettoyés ; et leurs tiges peuvent aussi servir de combustibles. Le lait des vaches qu'on nourrit avec des topinambours, est abondant et donne un beurre de bonne qualité.

Les plantes tinctoriales les plus importantes pour la grande culture, sont : le safran, le pastel, la garance et la gaude.

Le safran, *crocus sativus*, plante à racine bulbeuse, est originaire de l'Asie, d'où il a été apporté, vers le quatorzième siècle, par un gentilhomme d'Avignon, de la famille des Porchaires. Il demande un bon terrain, léger, sans humidité, bien ameubli par les labours, et fumé aux récoltes précédentes. On le plante en juin ou en juillet, et quelquefois en septembre, espacé de deux ou trois pouces et à deux décimètres de profondeur, dans des rayons ou raies larges de six ou sept pouces, faites à la charrue, ou mieux à la bêche. Un froid qui se maintiendrait à dix degrés pendant quelque temps, pourrait détruire le safran. C'est ordinairement à la fin de mai, lorsque le plant a trois ou quatre ans, qui est le terme de sa durée pour être vraiment productif, qu'on lève les cayeux, qui servent à la multiplication de l'espèce.

Le safran est sujet à trois maladies, connues sous les noms de *fausset*, *tacon* et *la mort*. La première est une excroissance qu'on peut amputer lors de la plantation; la seconde, une tache pourpre ou brune, en forme d'ulcère, qu'on peut amputer avec la pointe d'un

couteau ; et la dernière, très-contagieuse,
est produite par une espèce de champignon, suivant Duhamel, fort en rapport
avec les truffes, poussant de tous côtés
des racines qui vont chercher les oignons
du safran, pour former dans leur intérieur de nouveaux tubercules, qui finis-
sent par en détruire toute la substance.
Lorsque les feuilles qui jaunissent et se
dessèchent, annoncent cette maladie, si
on veut conserver la safranière, il n'y a
d'autres moyens que de faire une tran-
chée à l'entour de la place attaquée,
ayant soin de ne point jeter de terre du
côté du safran, parce qu'elle pourrait
contenir des principes de la plante qui
cause la maladie.

Les feuilles de safran sont précédées
par les fleurs : elles poussent pendant
tout l'hiver, s'allongent beaucoup, et
ne sèchent que vers le mois de mai. Souvent on les retranche au printemps, lors-

qu'on ne craint plus que cette opération nuise à l'oignon, pour les donner aux vaches.

Les safranières doivent recevoir de légers labours au printemps, être souvent sarclées avec grand soin, et principalement en septembre, lorsque les fleurs paraissent.

Celles-ci, dont le pistil est en usage dans les arts et dans la médecine, se récoltent en septembre et octobre, le soir ou le matin, avant que le soleil les ait épanouies entièrement et forcées de s'évaporer en partie.

Sont-elles à la maison, il faut s'occuper d'en enlever le pistil qu'elles pourraient gâter, vu qu'elles se fanent et s'altèrent promptement. Il faut choisir, pour cette opération, un lieu dans lequel il y a un courant d'air, parce que les vapeurs assoupissantes que ces fleurs exhalent, sont très-dangereuses.

Le safran épluché, après être étendu sur des tamis de crin, sur des plaques de cuivre ou sur des plats de terre, se fait sécher quinze à dix-huit pouces au-dessus d'un braisier couvert d'un peu de cendre. Il faut le remuer souvent, ayant soin de ne point le laisser ni brûler, ni s'imprégner de l'odeur de fumée; ce qui le perdrait. Il est bien desséché, lorsqu'il se brise entre les doigts. Alors, on le met refroidir entre des feuilles de papier, et ensuite on le renferme sèche-ment dans des boîtes, où il peut se con-server pendant deux ou trois ans.

Le bon safran, dit M. Bosc, doit avoir une couleur vive et une odeur forte. Un hectare n'en produira que quatre à cinq kilogrammes la première année; mais la seconde et la troisième peuvent en donner un produit cinq à six fois plus fort.

Le pastel, *isatis tinctoria*, supporte

impunément le plus grand froid ; néanmoins, il semble avoir plus de qualité
dans le midi. Pour prospérer, il exige les
terres les plus riches et les mieux ameublies, ni sèches, ni humides. La variété
à graine jaune, a des feuilles plus velues ;
celle à graine violette est à préférer,
parce que ses feuilles sont plus grandes,
et qu'étant aussi moins velues, elles se
chargent moins de poussière pour altérer
la teinture.

On peut semer le pastel en automne
ou au printemps, à la volée ou en rayons.
Il faut le sarcler plusieurs fois. Si des
pieds, qui doivent toujours être espacés d'environ un demi-mètre, tendent à
monter, on en coupe le jet principal,
pour les forcer à s'étendre latéralement.

Le produit étant dans les feuilles, qui
commencent à mûrir en juin, on les retranche par un temps sec aussitôt que,
tirant sur le jaune et ne pouvant plus se

tenir droites, elles annoncent leur maturité. L'usage assez général, jusqu'à ce jour, a été de les faire un peu faner, pour perdre leur eau de végétation, et lorsqu'elles sont macérées sans fermentation, de les porter à des moulins, pour les réduire en une pâte solide, qu'on amoncelle à couvert. Pendant que cette pâte fermente, on a grand soin d'en réparer les crevasses, pour arrêter toute évaporation ; et dès qu'on s'aperçoit, au bout de douze, quinze ou dix-huit jours, à l'odeur moins pénétrante qu'elle exhale, que la fermentation est calmée, on broie la pâte, en brisant la croûte qui s'est formée dessus, et on la réduit en petites pelotes ou coques d'environ un demikilogramme, qu'on fait sécher le plus promptement possible, soit à l'air libre dans des greniers, soit dans des étuves, afin de l'empêcher de se pourrir.

L'indigo, trouvé en Amérique, étant

plus abondant, a fait autrefois abandonner la culture du pastel, qui fournit
cependant, comme l'assurent tous les
fabricans, un bleu plus solide. On le
mêle quelquefois à l'indigo, pour augmenter la qualité de celui-ci.

Jadis nous avions du pastel au-delà de
nos besoins, et nous en fournissions à
l'Angleterre. C'était une culture des plus
productives, témoin le nom de Coca-
gnes, qui veut dire abondant en toutes
choses, donné par rapport aux coques
de pastel, aux pays où l'on s'y adonnait
particulièrement.

On peut aussi cultiver le pastel pour
fourrage en vert. Les semis d'automne
en bonne terre un peu légère, donnent
d'abondans pacages pour les vaches et
les moutons, dès le commencement du
printemps.

La garance, *rubia tinctoria*, qui

fournit une couleur rouge , moins écla-
tante que la cochenille , mais plus dura-
ble , est une plante naturelle à la France.
Dès le temps de Jules César, dit M. Ivart,
les Atrébates, qui habitaient l'ancienne
province d'Artois , étaient renommés
pour leurs étoffes qu'ils teignaient , comme les Romains , avec la racine de la
garance qu'ils cultivaient. Le même au-
teur rapporte , qu'une transaction rela-
tive à la dîme , entre les bénédictins et
les habitans de leur voisinage , prouve
que , dans le douzième siècle , elle était
aussi cultivée dans les environs de Saint-
Denis.

La garance demande une terre profonde , douce et légère. Après avoir donné
des façons comme pour le blé , on peut
la semer en mars ou avril , à raison de
cinq décalitres de graine par hectare : la
graine qu'on tire des provinces méridio-
nales est la meilleure. On peut aussi

planter à la charrue des boutures ou traî-
nasses, tirées de vieilles garancières.
Dans plusieurs lieux, on laisse environ
un quart de mètre d'intervalle entre les
touffes. Il les faut sarcler et buter. La
première et la seconde année, on peut
récolter de la graine. Vers le mois de
novembre de la seconde année, on commence à arracher les plus grosses racines,
et l'on achève l'année suivante. On fait
sécher les racines au soleil ou à l'étuve ;
on les vane, après les avoir battues, pour
enlever leur épiderme et la terre qu'elles
peuvent contenir ; après quoi, on peut
les conserver dans un lieu où elles n'aient
aucune humidité à redouter.

La gaude, *reseda luteola*, est, comme la garance, une plante naturelle à la
France. Dans le midi, on peut la semer
en automne ; dans les autres départemens septentrionaux, il vaut mieux attendre le printemps. La graine ne con-

serve pas la faculté germinative au-delà d'un an ; elle demande un très-léger hersage.

La gaude s'accommode de presque toutes les terres, mais bien façonnées. Elle est plus estimée dans les terres médiocres, où elle pousse moins branchue. Il faut la sarcler et la laisser assez drue, pour que chaque pied ne produise qu'une tige. On l'arrache vers la fin de l'été, lorsque la couleur de ses tiges commence à tirer sur le jaune ; on étend celles-ci le long des haies, pour achever leur dessication ; et après en avoir secoué et ramassé la graine, qui est également propre à la teinture, on peut les serrer et les garder jusqu'au moment de la vente : la couleur jaune solide qu'elles donnent par la décoction, solidifie également les autres couleurs, et particulièrement le bleu de Prusse.

La culture en grand nous offre en-

core le sarrasin , la cardère ou chardon à foulon , le tabac et le houblon.

Du sarrasin, *poligonum fagopyrum*,
l'on extrait une fleur de farine excellente
pour faire de la bouillie et des espèces
de pâtes qu'on fait cuire dans la poële,
assez connues sous le nom de *crêpes*.

Dans plusieurs cantons de la ci-devant
Bretagne , le sarrasin fait , avec les châ-
taignes , une partie de la nourriture des
habitans. Il est peu délicat sur la nature
du terrain , qu'il veut néanmoins bien fa-
çonné , et plutôt sablonneux et léger que
compacte ; il craint les gelées lorsqu'il
est en herbe. On peut le semer depuis le
mois de mai jusqu'à la fin de juin , dans
la proportion de huit décalitres par hectare. Il mûrit en septembre. On le scie
comme les céréales , et on le laisse sur
place par brassées et debout , pendant
quelque temps , pour en achever la dessication; ensuite , on peut le battre dans

le champ qui l'a produit, sur de grandes toiles, ou simplement sur une aire qu'on a bien frappée. On peut aussi le rentrer en grange ou le mettre en meule.

Le grain du sarrasin est bon pour les volailles et pour engraisser les porcs, sur-tout lorsqu'il est concassé et rendu pâteux, par le moyen d'un peu d'eau, dans laquelle on a délayé la farine. On peut, au moment de la fleur, lorsqu'il a été semé un peu dru, l'enterrer comme engrais. Pour cet objet, c'est peut-être la première des plantes. La variété, connue sous le nom de *sarrasin de Tartarie*, est la plus abondante ; mais la farine en est plus amère et peu du goût des animaux.

La cardère, *dipsacus fullonum*, utile pour le foulage des laines, a été cultivée de toute ancienneté. On ne peut en entreprendre la culture que dans les lieux où il existe beaucoup de manufactures.

Il est encore esssentiel , pour être assuré du débit, de traiter d'abord avec les manufacturiers. La cardère se sème en automne ou en mars. Elle veut une terre un peu fraîche, profonde et bien meuble. Au premier sarclage , il faut espacer les pieds d'environ un tiers de mètre. On peut aussi les repiquer.

Dans les années sèches , une partie du plant de la cardère monte dès la première année; mais une récolte avantageuse ne se fait qu'à la deuxième. Chaque touffe donne cinq à six têtes , et quelquefois davantage. La récolte peut durer pendant trois mois. La chute des fleurs et la couleur bleuâtre que prennent les têtes , indiquent le moment de couper les tiges.

Lorsqu'on s'occupe de faire la récolte de la cardère , il faut éviter la pluie , qui ramollit les crochets des têtes , et le trop de soleil qui les rendrait cassans. Lorsque le chardon à foulon est suffisamment desséché, on lie ses tiges par paquets de cinquante, pour les porter au grenier, où elles restent jusqu'au moment de les employer.

Le tabac, *nicotiana tabacum*, dont l'usage est presque toujours aussi inutile que désagréable, a été apporté en France, en 1560, par un nommé *Nicot*, embassadeur en Portugal. Il est originaire de la province de Tabasco, dans le Mexique. Le gouvernement, par des raisons aussi sages que politiques, s'est chargé de la vente de cette plante. En conséquence, on ne peut la cultiver sans autorisation.

Elle veut une terre riche et bien façonnée, qu'elle effrite beaucoup. On la sème en mars; il faut peu couvrir la graine.

On peut élever aussi le tabac sur couche, et le repiquer ensuite. Pour prospérer, les pieds doivent être espacés d'un demi-mètre.

Lorsque les feuilles du tabac tirent sur le jaune, c'est le moment de les retrancher. Celles du haut des tiges n'arrivent guère à maturité, dans le nord de la France, avant les gelées blanches. Elles composent le tabac le plus estimé. Les unes et les autres se font sécher à l'ombre, et souvent dans des séchoirs fabriqués exprès. Elles doivent se conserver entières. Si elles séchaient au soleil, elles se réduiraient en poussière. La variété à feuilles étroites, qu'on cultive en Virginie, passe pour avoir plus de qualité que la nôtre, dont les feuilles sont plus larges.

Le houblon, *humulus lupulus*, est une plante indigène qui croît naturellement dans les haies. Il demande une terre franche, profonde et humide, ni argileuse, ni aquatique, qu'il faut défoncer d'un demi-mètre, pour donner la facilité de s'étendre aux nombreuses ra-

cinés du houblon. Sur des lignes espacées d'environ deux mètres, on forme
des monticules, qu'on garnit d'engrais.
On établit sur le haut de ces monticules,
éloignées aussi en tout sens l'une de l'autre, d'environ deux mètres, une cavité
pour placer quatre ou cinq pieds de plants
ou drageons tirés d'une ancienne houblonnière, à la distance l'un de l'autre de
huit à neuf pouces. On a soin de mêler
quelques pieds mâles, pour féconder les
pieds femelles. A la fin de chaque hiver,
on retranche les anciennes tiges, ainsi
que les drageons. Il faut sarcler souvent
les houblonnières, et en ôter toutes les
plantes parasites. Dans leur première
végétation, on peut attacher à un écha-
las les jeunes tiges de chaque monticule.
Quelquefois on les enveloppe seulement
avec un lien. Quand le houblon prend de
la force, on l'attache à de grandes perches de cinq à six mètres de hauteur,

Une perche ne doit soutenir que trois à quatre tiges. Lorsque celles-ci ne se ramifient pas naturellement par le haut, on les y contraint en les étêtant. Quelquefois on incline un peu les perches vers le midi, afin que la houblonnière reçoive mieux les rayons du soleil.

Une houblonnière peut durer douze ans; et c'est à la troisième année qu'on en fait la première récolte, en arrachant les perches, et en coupant les tiges à la portée de la main.

On reconnaît la maturité du houblon vers le mois d'août ou de septembre, à l'odeur forte et aromatique qu'exhale la graine renfermée dans les cônes; et la dessication de cette graine s'achève à une chaleur modérée. Elle sert, comme on sait, dans la fabrication des bonnes bières, qu'elle rend très-digestives. On mange aussi, en guise d'asperges, les jeunes tiges du houblon.

CHAPITRE X.

Des Bestiaux.

Pour bien connaître les animaux domestiques et les maladies auxquelles ils sont exposés, il faut des connaissances qui constituent un état particulier. Comme chaque famille a son médecin, chaque fermier doit avoir son vétérinaire. Mais l'homme sage et sobre n'a besoin du secours de la médecine que par accident ; de même le fermier qui fait tout avec prudence, n'a besoin du vétérinaire que dans le cas de ces malheurs sur lesquels la sagesse ne peut avoir aucun empire.

Les animaux qui tiennent le premier rang dans une ferme, ce sont les chevaux. Les fermiers ont l'habitude, et souvent par vanité, de s'en procurer de la plus grande taille et de la plus forte corpulence. Buffon pensait que les chevaux d'une taille médiocre avaient plus de qualité que les autres et s'entretenaient beaucoup mieux. L'expérience nous a toujours paru justifier la pensée de ce célèbre naturaliste.

Depuis quelques années, il se fait une grande consommation de chevaux, parce qu'on veut les faire travailler au-delà de leur force, et traîner sur-tout de très-pesans fardeaux. Il est tel voiturier aujourd'hui qui ne donne pas moins de trois mille demi-kilogrammes à traîner par cheval; ce qui est presque moitié plus de ce qu'il conviendrait.

Pour augmenter l'ardeur des chevaux, on les pousse de nourriture; et alors s'ils ne périssent pas par les efforts qu'on les oblige de faire, ils périssent par les suites des indigestions, d'où résultent les coups de sang et les apopléxies.

T

Lorsque vous n'avez ni l'intelligence, ni la volonté d'élever des chevaux, même pour votre usage, ce qui peut se faire cependant dans toutes les fermes, les chevaux n'étant jamais meilleurs, ni d'une santé plus ferme que lorsqu'ils sont élevés en partie au sec, ayez soin de choisir toujours ceux que vous achetez bien pris dans leurs membres, forts d'encolure, ayant la bouche fraîche, de la douceur, un bon appétit, les jambes saines, peu serrées principalement sur le devant, le corps bien ramassé et de la promptitude dans la démarche.

Assortissez-les pour la charrue, afin que leur tirage soit égal. Que les harnois et tous les équipages soient très-légers et ne blessent jamais les chevaux; que les colliers sur-tout s'appuient bien sur leurs épaules, ne se relèvent jamais vers la gorge dans le tirage et ne gênent point leur respiration; ce qui pourrait les rendre *cornards*, ou *gros d'haleine*.

Faites panser vos chevaux avec soin; qu'ils aient toujours de bonnes litières sèches pour leur coucher, et une nourriture très-saine, mais jamais à discrétion, si ce n'est de la paille, qu'ils doivent toujours avoir par hors-d'œuvre. Quant au fourrage pour les chevaux d'une moyenne taille, trois kilogrammes par repas, avec deux cinquièmes de décalitre d'avoine, le matin, à midi et le soir, sont des rations très-suffisantes. Vous pouvez retrancher l'avoine du soir, en donnant environ six kilogrammes de bonnes bisailles bien grenues, soit vesce, pois ou lentillons, pour passer la nuit.

Mais les chevaux ont-ils fait quelques travaux extraordinaires, faites-leur donner en surcroît, lorsqu'ils arrivent à l'écurie, un demi-décalitre de son très-légèrement imbibé d'eau. Quelques-uns vous semblent-ils un peu échauffés, faites-leur boire de l'eau de son pendant quelques jours sur-tout le soir, et laissez leur en à discrétion pendant la nuit. Pour leur boisson ordinaire, rejetez toutes les eaux croupissantes. Si elles proviennent d'un puits, faites-les toujours tirer d'avance, pour qu'elles prennent la température de l'atmosphère.

Si les chevaux ont des colliques et des tranchées, employez les lavemens pour les soulager; c'est un remède souvent efficace.

C'est ordinairement lorsque les chevaux vieillissent que leurs salières se creusent, et qu'il leur pousse des poils blancs aux sourcils et aux jambes. Mais les dents incisives, six à chaque mâchoire, sont les seules marques certaines de leur âge. Les deux du milieu s'appèlent *pinces;* celles de chaque côté de celles-ci, se nomment *mitoyennes;* et les plus éloignées se nomment *coins.*

A deux ans et demi ou trois ans, les

pinces de lait se déchaussent et sont remplacées par les pinces d'adulte ; à trois ans
et demi, les mitoyennes en font autant,
et à quatre ou cinq ans se sont les coins.
Alors le poulain prend le nom de cheval.

Les maquignons, pour avancer l'âge
des chevaux, arrachent les dents de lait
avant le terme prescrit par la nature ;
mais les crochets, espèces de dents ca-
nines, qui se trouvent entre les dents,
dont nous venons de parler, et les mâ-
chelières, peuvent souvent faire reconnaître la fraude, parce qu'ils ne poussent
aux chevaux qu'entre quatre ou cinq ans.
La plupart des jumens n'ont point de
crochets.

Lorsque le poulain prend le nom de
cheval, ses dents sont creuses. A six ans,
les pinces de la mâchoire inférieure sont
remplies ; à sept ans, les mitoyennes, et
à huit ans, les coins. Les pinces de la
mâchoire supérieure, qui reçoit moins de

frottemens lorsque le cheval mange, ne se remplissent qu'à neuf ans; les mitoyennes, à dix, et les coins, à onze ou douze ans. Alors le cheval sort de marque. On doit compter pour rien une tache noire qui reste souvent à la place de la cavité de la dent.

La sécheresse du palais, la longueur des dents et leur défaut d'aplomb les unes sur les autres pour les chevaux qui ne les ont point usées à manger des grains trop durs, tels que le maïs, sont des marques de vieillesse que les maquignons peuvent encore faire disparaître avec la lime. Ils peuvent aussi creuser les dents avec des burins; mais un œil exercé reconnaît bientôt la friponnerie.

Il se trouve des chevaux qu'on appéle *bégus*, dont les dents sont si dures, qu'elles ne se remplissent jamais en totalité; mais alors on peut les reconnaître, parce que celles du haut n'offrent plus cette marche régulière de raser jusqu'à onze ou douze ans.

Dans les fermes, il est toujours avantageux d'avoir trois chevaux par attelage ou par charrue. On peut y mettre deux jumens avec un cheval, pour les limons qui pourraient blesser les jumens qui seraient pleines, quand on a des transports à faire. Dans chaque attelage, on peut faire couvrir une jument par année. La jument a-t-elle mis bas, on laisse le poulain quatre ou cinq mois dans l'écurie avec sa mère. Il est rare que les autres chevaux le blessent lorsqu'ils y sont habitués : il faut seulement y faire attention pendant les cinq ou six jours qu'il faut au poulain pour voir clair et reconnaître sa mère. Après le sevrage, les poulains étant séparés, on les nourrit avec du son mêlé de quelques grains d'avoine, avec un peu de foin et de bonne paille de blé. Il faut être sobre de son et de grain, car on pourrait leur causer des indigestions très-funestes. Souvent ils dépérissent un peu pendant le premier hiver. Au printemps, on les rétablit promptement, en les mettant pendant quelques heures dans un pacage, et en les nourrissant pour le reste au ratelier avec du fourrage vert, soit pré, soit vesce, soit luzerne, etc. Pour éviter le météorisme que pourrait causer ces derniers fourrages, on les laisse se faner, à l'ombre, pendant quelques demi-journées. A la moisson, les poulains, dès leur deuxième année, sont ordinairement dans un état de parfaite santé : alors, on leur fait reprendre une nourriture sèche, et on leur donne la liberté pendant quelques heures chaque jour, soit dans une grande cour, soit dans quelques morceaux de pré qu'on ferme et qu'on leur destine. Pour la dernière fois, au printemps de leur troisième

année, on les met encore au vert pendant
six semaines ou deux mois ; après quoi,
on peut leur faire reprendre la nourriture
sèche pour toujours. De cette manière,
on est sûr d'avoir des chevaux vigoureux
et peu sujets aux maladies, francs au
travail, et d'une grande douceur. En
effet, comme les chevaux des Arabes,
ils l'ont contractée s'ils ont toujours été
sous la main de personnes non brutales
et soigneuses : car de cette manière on
peut dire qu'ils sont véritablement élevés
dans la famille dont les mœurs ne peuvent
manquer d'influer sur leur éducation.

Pour le labourage, les anciens em-
ployaient exclusivement les bœufs. Il se
trouve beaucoup de personnes qui sont
étonnées de ce que, dans plusieurs provinces, on préfère les chevaux. Plus
cet animal vieillit, disent-elles, plus il
perd de sa valeur. Quoique le bœuf présente un résultat contraire, le plus sim-

ple calcul fait voir qu'il faut aujourd'hui le reléguer dans des métairies qui ont peu ou qui conservent peu de terres labourables, parce que la nature fraîche de leurs terres, donne aux céréales et surtout au froment, une surabondance de végétation qui produit peu de grains; que d'ailleurs on peut les convertir facilement, vu leur fraîcheur, en d'abondans pacages, afin de s'adonner principalement à l'éducation des chevaux, et des bêtes à cornes et autres.

Dans les grandes exploitations de céréales, le bœuf, quoiqu'il augmente de valeur jusqu'à l'âge où il devient bon pour la boucherie, serait onéreux. Supposons que deux chevaux qu'il faut pour une charrue, qui peut suffire à l'exploitation, bien dirigée, d'une quarantaine d'hectares de terre, coûtent chacun quatre cents francs de nourriture; le bœuf qui travaille, coûte presque autant, at-

tendu que , s'il consomme moins de
grains , il lui faut quarante à cinquante
livres de fourrage , ou de l'herbe à proportion ; il va moins vîte , travaille moins
long-temps , parce qu'il n'a pas les membres aussi favorables à la marche , et
qu'ayant une grande panse à remplir , et
devant encore ruminer , il lui faut deux
fois autant de temps qu'au cheval pour
prendre ses repas. Enfin , il est difficile
que quatre , six et quelquefois huit bœufs
puissent faire plus de travail que deux
chevaux , et il faut presque toujours deux
hommes pour les conduire. En supposant
qu'ils coûtent seulement de douze a dix-
huit cents francs à entretenir , il y aura
donc par charrue , ou par chaque quarante hectares de terre à labourer , un
excédant de dépense annuelle de quatre,
cinq ou six cents francs. Il est facile de
voir que la vente des bœufs couvrirait
difficilement une telle différence.

Le mulet, quoiqu'il ait le pied petit et qu'il enfonce plus que le cheval dans les terres glaiseuses, mériterait pourtant quelquefois la préférence : il travaille plus long-temps ; il est plus rustique, il porte de plus fortes charges, et se nourrit à moins de frais ; il vit beaucoup plus long-temps, et il est aussi beaucoup plus facile à élever. Pendant vingt années au moins, il peut rendre de grands services. Il est étonnant qu'en France, on ne s'adonne pas plus à son éducation : elle ne se fait que dans quelques cantons du midi.

Quand il faut se procurer des vaches, comme elles ne sont, en général, utiles que pour leur lait, c'est à cela, après la santé, qu'il faut faire attention ; mais je recommanderai toujours aux fermiers de renouveler, autant qu'il leur sera possible, leurs étables, en élevant les plus beaux de leurs veaux. Comme chez eux, les vaches sortent moins que dans les métairies, que du mois de novembre au mois d'août elles ne quittent guère la ferme; alors, en les élevant soi-même, elles se trouvent mieux faites à ce genre de vie et moins délicates.

Hors les temps du pacage, dans les grosses fermes destinées particulièrement à la culture du blé, on nourrit les vaches à l'étable avec des pailles sèches, sur-tout celles d'avoine. Dans l'hiver, il faut tâcher de suppléer au manque d'herbages par des racines. Les carottes, les navets, les topinambours et les pommes de terre, etc., sont excellens pour cet usage. A défaut de racines, il faudrait donner du regain : le son et les eaux blanches leur sont aussi nécessaires qu'aux chevaux, pour les préserver de maladies.

Dans les fermes, on est dans l'habitude de faire consommer la menue-paille

V

d'avoine, c'est-à-dire, la petite paille des balles qu'on ramasse après le vanage. Des servantes ou des bouviers paresseux les portent dans les mangeoires sans les passer au crible, et les vaches, qui avalent l'énorme quantité de poussière qu'elles renferment, tombent dans le marasme, et périssent bientôt de phthisie.

Comme dans les exploitations rurales il faut acheter le moins possible, je conseille d'avoir toujours quelques truies, afin d'élever les porcs que la cuisine consomme. Les débris de la laiterie, de jeunes pousses de trèfle, de luzerne, de vesce, etc., des pommes de terre cuites, des topinambours et des grains de rebut, des feuilles d'orme, sont les seules choses qu'ils réclament de rigueur. Une cour particulière pour leur promenade, est une chose fort utile. On y peut jeter les mauvaises graines et tous les résultats du vanage et du criblage, et l'on peut compter qu'ils en feront bien leur profit. Les fumiers qu'ils y peuvent faire, sont bons pour les prairies naturelles. Dans les guérets levés, et non encore fumés, on peut les promener par bandes, et l'on est encore sûr que, tout en fortifiant leur santé, ils détruiront beaucoup de vers et une grande partie des racines des plantes qui peuvent altérer et salir les terres. Il faut les écarter des prairies et même des chaumes ; car en houant le terrain, ils détruiraient le pacage des bêtes à laine.

Les bêtes à laine sont d'une très-grande importance : leurs excrémens forment de bons engrais, et les produits considérables de leurs toisons ne demandent pas des soins journaliers très-embarrassans ; l'essentiel, c'est de les bien nourrir, et d'avoir des bergers intelligens et bien dévoués à leur état : ce qui n'est pas une chose facile. Il faut se méfier sur-tout de la paresse, de l'indocilité, de l'ignorance et des préjugés. M. Daubanton a publié un petit Catéchisme du Berger, qu'il est bon de consulter à cet égard. Au reste, il est très-convenable, quand on est grand propriétaire de troupeaux, de faire élever un berger aux bergeries royales de Rambouillet, les mieux gouvernées indubitablement de toutes celles qui peuvent exister en France.

Malheureusement les bêtes à laine sont sujettes à grand nombre de maladies, dont la plupart sont contagieuses.

» Autant qu'on voit de flots se briser sur les mers,
» Autant dans un bercail règne de maux divers !

Le claveau, espèce de petite-vérole, est souvent un grand malheur pour les personnes qui s'occupent de l'éducation des bêtes à laine. Depuis quelques années l'école d'Alfort a fait pratiquer l'inoculation du claveau avec quelques succès. La maladie se manifestant en même

temps, lorsqu'on y a préparé le troupeau, on évite beaucoup d'accidens,
en tenant les bêtes chaudement à la bergerie, où on les nourrit jusqu'au moment
où l'éruption est complètement sortie.
Quelquefois le claveau se manifeste par
des symptômes d'une si grande mali-
gnité, qu'il tue presque tout le troupeau.
Faites attention aux chemins que vous
suivez ; car l'inoculation d'un claveau
peut se faire en passant à la suite de
quelques bêtes attaquées de cette maladie. Sous ce rapport, le voisinage des
bouchers est extrêmement dangereux ;
et dans chaque pays on devrait toujours
les cantonner avec le plus grand soin.

Lorsque le claveau est dans un troupeau, il faut, autant qu'on le peut, mettre séparément, à fur et à mesure, les
bêtes malades, et tenir les bergeries sai-
nement, en renouvelant souvent la litière, et en ôtant celle qui se trouve

naturellement sans cesse infectée du miasme et du virus de la maladie.

Le charbon attaque les bêtes à laine. C'est un bouton dur et âpre, dont le centre est noir et bientôt suivi de la gangrène. Il se manifeste dans une partie quelconque du corps, principalement dans les endroits peu chargés ou dégarnis de laine. L'animal alors devient triste, mange peu, et meurt quelquefois en moins de vingt-quatre heures. Cette maladie, si connue dans plusieurs provinces du midi, a fait, dans le commencement de ce siècle, beaucoup de ravages dans les environs de Gonesse et de Dammartin. Lorsqu'elle accompagne le claveau, elle le rend presque toujours mortel. On a pensé que les eaux corrompues qu'on faisait boire aux bêtes à laine en étaient l'origine. Peut-être aussi vient-elle, sur-tout après de grandes sécheresses, de la pâture de plantes chargées de principes vénéneux.

La maladie charbonneuse des moutons est d'autant plus à craindre, qu'elle se communique aux hommes, ainsi qu'aux autres animaux.

Nous avons eu un parent qui s'inocula le charbon par une goutte de sang qui lui sauta sur le poignet en sortant de la peau d'un agneau. Il est à notre connaissance que grand nombre de bouchers ont éprouvé des accidens semblables. Nous avons vu des chevaux périr du charbon qui leur avait été inoculé en portant des moutons tués dans l'état de maladie. Le charbon s'était manifesté à l'endroit même où le sang de ces bêtes avait porté. L'amputation ou de violens caustiques sont les remèdes dont on peut faire usage.

Lorsque le charbon n'est pas intérieur, il est rarement mortel pour l'homme, parce que, connaissant le danger, il se fait promptement administrer des secours. Chez les animaux, lorsque le mal devient apparent, il a fait ordinairement trop de ravages pour que les remèdes puissent s'administrer à propos.

Lorsqu'il règne une épizootie charbonneuse près de vous, le meilleur moyen, afin d'en préserver les bestiaux pour lesquels vous craindriez, c'est de leur appliquer des sétons, de tenir leur local extrêmement propre, et de leur donner, pour boisson, des eaux blanches, qu'on peut faire avec de bonnes recoupes de froment. Ayant fait boire les chevaux d'une ferme où s'abreuvaient des bêtes, à notre insçu, infectées de charbon, nous en avons perdu deux très-subitement. Mais ayant de suite employé le moyen que nous venons d'indiquer, nous avons préservé les autres, au nombre de douze, tandis que la maladie a continué de faire de grands ravages dans notre voisinage.

Plusieurs cultivateurs, lorsqu'ils ont des moutons attaqués de la maladie charbonneuse , s'empressent de les faire tuer pour l'usage de leurs domestiques. Il ne paraît pas probable qu'après la coction , les viandes de ces bêtes présentent du danger pour ceux qui s'en nourrissent ; mais il y en a beaucoup pour les personnes qui les préparent. Les peaux qu'on fait sécher , tendent aussi à corrompre l'air et à propager le vénin charbonneux qui peut même s'inoculer par la piqûre d'une mouche qui aurait été pomper le principe de la maladie sur quelque cadavre. Il serait donc plus prudent d'enterrer profondément toutes les bêtes mortes du charbon. Si la cupidité ou l'ignorance portent plusieurs personnes à s'y opposer , l'humanité réclame qu'on leur en fasse une sévère obligation.

Le météorisme est encore une maladie par laquelle tout un troupeau peut périr en quelques quarts d'heure de temps. C'est dans les trèfles et les luzernes qu'il se ma-

nifeste le plus. Lorsqu'un berger a de
ces prairies à faire pacager, il ne doit y
laisser entrer ses moutons qu'après leur
avoir déjà fait parcourir quelques faibles
pâturages ; ensuite, faire passer et re-
passer plusieurs fois le troupeau sur le
petit morceau que chaque jour on lui
donne à pacager. Quand il est à paître,
avoir toujours l'œil dessus ; et à la première bête qui donne le moindre signe
de danger, le retirer promptement. Cinq
ou six gouttes d'alcali volatil, mêlé
dans deux cuillerées d'eau, qu'on fait
avaler à la bête gonflée, sont un remède que nous avons souvent employé
avec succès (*).

A l'égard du cheval, à moins que la

(*) Si l'on avait le temps d'employer, au
lieu d'eau, deux cuillerées d'infusion de camo-
mille ou de fleurs de tilleul, le remède aurait
encore plus d'efficacité.

tuméfaction ne soit dans les intestins , le météorisme n'est pas apparent , à cause de la petitesse de son estomac , par rapport aux autres viscères.

Les moutons , à cause de leur constitution molle et de leurs fibres lâches , disposés aux infiltrations et aux humeurs aqueuses , sont sujets à la cachexie , à la pourriture et à avoir le foie dévoré par une espèce de ver plat , la *fasciole hépatique* , que les bergers du centre de la France appèlent *douve* ; parce qu'ils pensent que la cause de l'existence de ce ver vient de ce que les troupeaux ont mangé de la plante qui porte ce nom , *douve* ou renoncule , *ranunculus flammula et lingua.* La pâture dans les marécages et les lieux très-frais ne les épargne jamais : elle est la cause de toute espèce de cachexie ; aussi en périt - il beaucoup de cette maladie quand les automnes sont très-pluvieux. Il est donc

bien important, dans les temps de pluie,
de ne point les mener au pacage avant
que le soleil n'ait ressuyé le terrain ;
de ne point les y mener non plus avant
que la rosée ne soit tombée , et de les
rentrer avant la nuit, lorsqu'on sent la
fraîcheur monter.

Lorsqu'une bête n'est pas saine , re-
tournez-lui le bord de la paupière ; vous
la trouverez très-pâle, ainsi que les lèvres : elle est sans force ; et si vous la
prenez par la patte de derrière, elle ne
fait aucun effort sensible du jaret pour
vous échapper. Quand la maladie approche de son dernier degré , souvent l'animal a le soir, sous la ganache, une tu-
meur aqueuse, effet d'une infiltration
sous la peau. Le matin elle est dissipée,
parce que, pendant la nuit , le mouton
n'a pas la tête penchée pour prendre sa
nourriture. Alors , si cette bête est encore bien en chair, vendez-la prompte-

ment pour la boucherie, ou employez-la dans votre cuisine, car il ne faut pas espérer de guérison.

» Vois-tu quelque brebis chercher souvent l'ombrage,
» Effleurer à regret la pointe de l'herbage,
» Sur le tendre gazon tomber languissamment,
» La nuit seule au bercail revenir lentement,
» Qu'elle meure aussitôt ; le mal, prompt à s'étendre,
» Deviendrait sans remède à force d'en attendre.

Il y a peu de remède à la cachexie ou pourriture, même au premier degré. Du fer, en petites branches, débris de la refenderie des forges, dans leur eau, un peu de sel pour saupoudrer leur provende, une nouriture saine, des décoctions de sauge, de thym, de lavande, de génièvre, un changement de localité, des pâturages d'herbes de choix dans des lieux élevés, sont des moyens qu'on emploie quelquefois avec succès.

Le grand froid morfond les moutons, lorsqu'ils y restent long-temps. Dans les

grandes gelées, il ne faut les laisser à la
pâture que pendant quatre ou cinq heures
au milieu du jour. Dans le temps des
neiges, on les sort dans la cour pendant quelques quarts d'heure, chaque
fois qu'on met du fourrage dans leurs râ-
teliers; on les mène aussi boire à midi;
ce qui renouvèle l'air des bergeries et les
rend plus saines.

Les grandes chaleurs sont encore plus
que le froid nuisibles aux bêtes à laine.
Elles leur causent des apopléxies fou-
droyantes, parce qu'étant toujours baïs-
sées pour paître, le soleil tombant d'a-
plomb sur leur tête, leur dilate les humeurs qui sont dans le crâne. Elles leur
causent aussi le desséchement des pou-
mons et le vertige, deux maladies qui en
font périr encore un grand nombre. Em-
pêchez donc toujours qu'elles ne restent
dans les claies passé neuf à dix heures du
matin; et dans le fort du soleil, faites-

les mener sous quelque ombrage, ou rentrez-les dans des bergeries bien aérées.

» A midi va chercher ces bois noirs et profonds
» Dont l'ombre au loin descend dans les sombres vallons.

Beaucoup de fermiers donnent du grain à leurs agneaux, pour les rendre plus vigoureux. Cette nourriture semble peu convenir aux ruminans : il importe donc d'en être très-sobre. Elle leur cause souvent de mauvaises digestions, et peut-être dans les bêtes à laine, aggrave-t-elle beaucoup cette hydatide ou hydropisie de cerveau, causée par une sorte de *tenia* qui attaque particulièrement les agneaux et les antenois, et qu'on appèle *tourni*, parce que la bête qui en est attaquée va ordinairement de côté.

Le *tourni* est une maladie qu'il est aussi difficile de guérir que de se préserver. Depuis quelques temps, on est parvenu à sauver quelques bêtes, d'après une méthode de traitement de M. Ivart.

On perce le crâne à l'endroit où l'on suppose, ou que l'on sent, par l'amincissement du crâne qu'a causé l'hydiatide, être le siège du mal, avec une alène de la grosseur d'une plume d'oie, ayant quinze lignes de long, peu pointue, pour glisser sur les vaisseaux sanguins ou filamens nerveux qu'elle pourrait rencontrer. On fait sortir l'eau et le *ténia* par l'ouverture, en baissant la tête de l'animal. Si l'on y parvient sans ramener de sang, on peut espérer l'avoir sauvé.

Quant aux coups de sang et aux apopléxies, si vous en voyez beaucoup périr de cette maladie, le meilleur moyen préservatif, c'est la saignée, principalement à la veine de la ganache qui est sous l'œil, au bas de la joue, à l'endroit de la racine de la quatrième dent machelière, parce que cette veine étant très-apparente, rend la saignée facile. Cette maladie attaque toujours les plus vigoureux.

Il est encore une maladie très-dange-
reuse, que produit le grain qu'on peut
donner aux moutons, soit vané, soit en
épis. Les bergers la connaissent sous le
nom *d'écharpillage*. Elle se manifeste
par une grande démangeaison sur toutes
les parties du corps, en commençant par
les extrémités. L'animal se mord où siège
la démangeaison, cherche à se frotter
contre les corps durs, et perd sa laine ;
il devient faible, se couche souvent, et
mange dans cetlte attitude ; bientôt, si
on ne le tue, il dépérit et tombe dans le
marasme.

La gale des moutons provient quelquefois d'une mauvaise nourriture : plus
souvent de la paresse du berger. Du
soufre, mêlé avec de l'essence de térébenthine, ou trois quarts de suif de
bœuf, en hiver, et trois quarts de suif
de mouton, en été, contre un quart
d'essence de térébenthine, forment des

X 3

onguens dont on peut se servir pour la
faire passer. On emploie aussi quelquefois tout simplement de l'essence de térébenthine , dont on verse quelques
gouttes sur les boutons, après avoir ouvert la laine et gratté avec l'ongle du
médium, ou avec la pointe d'un couteau
un peu arrondie , ou mieux encore avec
une lame d'ivoire , le bouton de gale.

Si la gale est plus tenace, il faut composer un onguent avec du soufre , du
sel commun et de la poudre à canon , à
parties égales , détrempé dans de l'huile
d'aspic. On peut aussi , après la tonte,
bien laver les moutons avec de la lessive
de cendre , ou eau de lessive. Si la gale
est très-invétérée , prenez, par un beau
temps , pour cent bêtes, un kilogramme
d'arsenic , deux kilogrammes de coupe-
rose verte ; mettez ces drogues dans une
chaudière avec cinquante litres d'eau ;
faites bouillir , en remuant et agitant

sans cesse, jusqu'à réduction d'un tiers
au moins, et jusqu'à parfaite solution ;
remettez ensuite autant d'eau qu'il y en
a d'évaporée ; laissez bouillir encore un
instant, et versez votre composition dans
un cuvier.

Au-dessus du cuvier, vous mettez
une planche. Deux hommes ensuite sai-
sissent par les pattes chaque bête ton-
due depuis peu de jours , mais sans aucune plaie causée par les forces du ciseau
du tondeur; et ils la posent le dos sur la
planche, pour être plongée ensuite dans
dans le cuvier. Celui qui tient les pattes
de devant, les joint à la tête, qu'il re-
lève, ainsi que les oreilles, afin que
l'eau de la composition ne puisse entrer
dedans, ni attraper les yeux et les lèvres ;
et lorsque la bête est posée de nouveau
sur la planche, un troisième homme,
avec une brosse, ou avec la main couverte d'un gant de bonne peau , la frotte

fortement par tout le corps. Ce traitement, administré avec de grandes précautions et pour les bêtes et pour les hommes, procure une guérison radicale. A fur et à mesure de l'opération, il faut avoir soin de bien séparer les bêtes, de les faire ressuyer au soleil, et de ne les remettre que dans des bergeries très-propres et bien blanchies à l'eau de chaux. Les vases dont on s'est servi, doivent être bien nettoyés plusieurs fois à l'eau bouillante; et il est aussi très-prudent de labourer le terrain où l'on a administré le remède.

La pesogne, que beaucoup de bergers appèlent *le fourchet*, et que les Anglais nomment *la pourriture des pieds*, est encore une maladie très-cruelle. M. Ch. Pictet, qui le premier l'a indiquée dans ses ouvrages, la suppose aussi redoutable que le claveau. Elle n'est peut-être pas sans rapport avec le panaris des hommes. Elle se manifeste par une in-

flammation entre les onglets ou entre
ceux-ci et la chair : bientôt la suppura-
tion s'y établit ; elle déchausse les onglets , et carie même à la longue les os
des pieds. L'animal , à proportion des
progrès du mal , boîte , mange sans se
lever, tombe dans le marasme, prend la
fièvre et périt. Les mérinos , en France,
ont souffert beaucoup de cette maladie.
Les terres glaiseuses , qui s'attachent et
se durcissent dans les pieds des moutons,
peuvent faire naître cette maladie ; et
le pus qui tombe ensuite sur les litières ,
la fait se propager. Plusieurs fois , nous
en avons arrêté le cours , en renouvelant souvent la litière , en pressant un
peu la plaie , pour en extraire le pus, et
en la trempant ensuite pendant dix ou
douze minutes ; et cela, deux ou trois
fois le jour, dans de bon vinaigre un peu
tiède. Lorsque le mal a fait des progrès,
il faut employer , après avoir nettoyé la

plaie jusqu'au vif, et enlevé par petites
lames, en fendant la sole, s'il est nécessaire, avec un bon bistouri, les parties du sabot qui seraient attaquées; il
faut employer, dis-je, de plus violens
caustiques, tels que l'eau de Goulard, et
même l'eau forte, qu'on peut appliquer
avec un plumasseau. On peut aussi employer le vitriol blanc en poudre. On
peut encore employer l'acide acétique,
vinaigre de bois, à un haut degré, à sept
à huit degrés de Baumé, c'est-à-dire,
six à sept fois plus fort que le bon vinaigre ordinaire. Quand même on aurait
été obligé d'enlever tout le sabot, c'est
un organe qui se régénère promptement,
si l'on a le soin d'envelopper le pied d'un
linge, pendant quelques jours, de ne
point laisser la bête se fatiguer en allant au
pacage, et de la bien nourrir à la bergerie.

Dans l'hiver, les brebis doivent toujours être dans une bergerie séparée,

ainsi que les agneaux et les autenois , et
nourris avec des racines , de bons re-
gains et des pailles à discrétion. Quant
aux moutons, s'il vient peu d'hiver, des
racines et des pailles fourrageuses, principalement celle d'avoine , peuvent très-
bien les entretenir; mais l'hiver devient-
il rigoureux, il faut encore avoir recours aux preceptes que Virgile donne
pour la chèvre.

» Soigne-la donc au moins durant les froids hivers,
» Et tient sa maison chaude et tes greniers ouverts,

Néanmoins , qu'il y ait toujours , comme nous l'avons déjà dit , en parlant de
la composition des bâtimens d'une ferme , un courant d'air dans vos bergeries. Ajoutons encore que les plafonds
doivent être bien crépis , afin qu'aucune
ordure n'entre dans les toisons.

Achetez-vous des moutons? tirez-les
toujours d'un lieu où l'herbage soit plus
maigre que dans le vôtre; autrement

vous les verriez bientôt dépérir. Tenez toujours plutôt à une race moyenne, bien étoffée, qu'à toute autre espèce, et diminuez la race à proportion de la médiocrité de votre terrain. Choisissez toujours un belier dont la laine soit très-tassée, et qui en soit bien garni jusqu'aux pattes et dessous la poitrine.

On a prétendu que les mérinos, en France, tendaient toujours à dégénérer. C'est un fait erroné qu'on peut vérifier dans les beaux troupeaux, principalement dans ceux qui sont aux environs de Rambouillet. Nous avons trouvé, au contraire, que les laines, en France, ont encore plus de nerfs pour la fabrique, que celles des bêtes espagnoles ; et si cela n'a lieu que rarement, c'est par l'indifférence des propriétaire dans le choix de leurs beliers.

Si l'on craint de ne pouvoir élever de purs mérinos, qui, d'ailleurs, coûtent

un prix au-dessus des facultés de beaucoup de monde, les croisemens, avec des
brebis du pays, ou communes, sont toujours infaillibles ; et il n'en est pas qui,
à la cinquième ou sixième génération, et
souvent beaucoup plutôt, si on les fait
avec des beliers de choix, ne produisent
des laines tout aussi fines que celles des
mérinos qui n'ont jamais été croisés.

Lorsqu'on fait voyager les moutons,
il faut ne leur faire faire que cinq lieues,
au plus, par jour, et choisir, autant
qu'on le peut, des chemins de traverses
qui offrent des pâturages ; les éloigner,
pour la nuit, de toutes les bergeries
où ils pourraient attrapper quelques maladies. Dans les grandes chaleurs, il ne
faut les faire voyager que le matin et le
soir ; avoir soin de les faire boire, et
suppléer, par de bons fourrages, à la
nourriture qu'ils n'auraient pu trouver
sur la route.

On connaît l'âge des moutons par la dent. A un an, ils perdent les deux dents de devant ; à deux ans, les deux voisines des premières ; à trois ans, ils ont six dents complètes, et à quatre ans, elles sont toutes les huit remplacées, égales et assez blanches ; mais à mesure que l'animal vieillit, elles noircissent, deviennent inégales, et tombent ordinairement vers neuf à dix ans. On en voit se maintenir jusqu'à douze, quinze et dix-huit ans, sur-tout parmi les mérinos, et quelquefois pas au-delà de six à sept, et sur-tout lorsqu'on leur fait paître des plantes très-dures, telles que les bruyères.

Les bêtes à laine privées de leurs dents, se nourrissent mal, et c'est le dernier terme de leur embonpoint.

Les brebis, en France, entrent en chaleur pour l'ordinaire vers les mois d'août, de septembre et d'octobre, et elles portent cinq mois. A dix-huit mois, on peut les faire couvrir, et beaucoup mieux un an plus tard. A leur première portée, il faut y bien veiller, parce qu'elles sont sujettes à délaisser leurs agneaux.

En France, dans les provinces du nord et du centre, je ne crois pas qu'il soit avantageux d'avoir des agneaux au pied de l'hiver. Je préfère ne donner les beliers, aux brebis, qu'en septembre, pour avoir des agneaux en février et en mars. Si on a bien soutenu les mères pendant l'hiver, elles ont autant de lait qu'elles en auraient eu en agnelant plutôt. Pendant qu'elles nourrissent, il ne vous reste que peu de temps pour les soutenir fortement; parce que dès le mois de mai, vous pouvez vous procurer des pacages sains et abondans, et sevrer vos agneaux, sans crainte que la privation du lait de leurs mères, les fasse dépérir.

A trois semaines, vous pouvez commencer par donner aux agneaux, un peu de regain et une provende composée de quelques poignées d'avoine et de son de froment un peu gras. A cinq ou six semaines, vous pouvez les sevrer de nuit, et ne les laisser teter que le matin et le soir.

Aux premiers beaux jours du printemps, et par une douce température, on fait, pour avoir des moutons, châtrer les agneaux mâles, et même dans quelques cantons, les femelles dont on n'a pas besoin pour la remonte du troupeau. Un coup d'air qu'ils recevraient à la suite de l'opération, pourrait leur causer la mort. Pour éviter cet accident, on tient les mâles renfermés pendant trois ou quatre jours, et les femelles un peu plus de temps, parce que pour elles, l'opération est très-difficile et beaucoup plus douloureuse que pour les mâles.

CHAPITRE XI.

Des Produits.

QUELQUES personnes peuvent désirer savoir quelles sont les récoltes et les dépenses dans une grande exploitation agricole où l'on s'adonne particulièrement à la culture des céréales. Quoiqu'on ne puisse donner, sur ce sujet, qu'un aperçu variable, nous tâcherons pourtant d'y satisfaire.

On ne peut nier que la qualité des terres, malgré toute l'intelligence du cultivateur, n'apporte toujours de la différence dans les produits. Cependant, on peut y remédier jusqu'à un certain point, en augmentant le nombre et l'étendue des prairies artificielles à long terme, dans la proportion de la médiocrité des terres. De cette manière, on diminue la grandeur de chaque assolement, on se donne plus de fourrage, on nourrit plus de bestiaux, on se procure plus d'engrais, on fume mieux les terres de ses ensemencemens, pour obtenir des récoltes presque équivalentes à celles des meilleures terres. Si un bon arpent de blé, par exemple, exige, en terrain médiocre, plus d'engrais, au moins ne coûte-t-il pas plus à façonner. Au contraire, si le fumant et le travaillant mal, on ne récolte qu'à moitié, il est évident qu'il faudra cultiver deux arpens pour avoir un produit égal à celui d'un seul; tandis que les frais seront du double plus considérables.

Dans une ferme, si le cultivateur n'est pas le surveillant actif de tous ses travaux, il en faudra un absolument. Quelque soit même le soin et l'activité du fermier, un *prend-garde-à-tout* au fait de tous les travaux, qui a toujours la main à l'ouvrage pour le seconder , ne sera jamais inutile. Indépendamment d'un charretier par charrue , il faut, au moins , dans une ferme , un bouvier , une servante et un berger. Si l'exploitation est trop petite , tous ces gagistes absorberont une partie des bénéfices. Il faut donc que la ferme ait assez d'étendue pour occuper tout le temps de ces personnes.

Quatre charrues faisant chacune vingt-cinq arpens d'un demi-hectare de froment d'hiver , composent la ferme que je prendrai pour donner mon aperçu. Je suppose qu'on suive l'assolement triennal. C'est donc soixante - quinze arpens de terre labourable par charrue , et pour les quatre charrues , trois cents arpens , sans y comprendre les prairies artificielles à long terme , qui , dans aucun cas , ne peuvent comprendre moins de cinq arpens par charrue , et qui peuvent s'élever jusqu'à vingt-cinq et plus. Elle contiendra donc depuis trois cent vingt arpens jusqu'à quatre cents. Ajoutons même que s'il s'y trouvait des terrains absolument mauvais, très-pierreux, ou des sables très-secs, et qui ne pussent donner, malgré l'abondance dés engrais, que de faibles récoltes, elle pourrait avoir encore plus d'étendue. On y pourrait utiliser les terrains les plus rebelles à toute culture productive en céréale, par des plantations de noyers, de châtaigniers, et de tous autres que la nature de ces terrains pourraient comporter. En espaçant les arbres à de grandes distances, à quarante pieds, par exemple, on trouverait dessous, des pacages qui, quoique très-maigres, aideraient pourtant encore à nourrir les bêtes à laine.

Trois cents arpens de terre en labour, doivent exiger au moins l'entretien de

trois à quatre cents bêtes à laine. Celles-
ci, si l'on fait des élèves proportionnel-
lement, donneront environ, par an,
cent bêtes pour la vente, qui pourront
valoir. . . . . 1,200^f

Elles donneront en suint, au
moins, deux mille livres ou
mille kilogrammes de laine,
qui pourront valoir. . . . . 2,500.

On doit récolter, au moins,
dans cent arpens de terre en
froment, huit mille boisseaux,
chacun d'un huitième d'hectolitre. Huit cents de choix seront
prélevés pour les semences ;
autant de qualité secondaire
pour le pain de tous les gens
de la ferme : il en restera donc,
pour la vente, six mille quatre
cents, qui doivent se vendre

____

A reporter. . . . 5,700.

Report. . . . . 5,700.

l'un , au moins , 1 franc 80 cen-
times ; or , le total doit pro-
duire. . . . . 11,520.

Les recettes principales de la
ferme pourront donc s'élever à 15,220.

On aura à vendre des avoines et autres
grains , quelques bêtes à cornes , si l'on
fait des élèves , divers objets de laiterie
et de basse-cour. Nous en réservons pour
payer les contributions publiques ce qui
n'en sera pas consommé dans l'exploitation.

Le berger , avec son aide , pourra
coûter en argent. . . . . 400^f

La servante. . . . . 100.

Le bouvier. . . . . 100.

Les quatre charretiers. . . . . 800.

A reporter. . . . . 1,400.

Report. . . .	1,400[l]
Le prend-garde-à-tout. . .	3oo.
Le ferrage des chevaux et des instrumens aratoires. . . .	3oo.
Le bourrelier et les cordages.	5oo.
Le charronnage.	200.
La fauche et la rentrée des récoltes.	2,000.
Le battage et le criblage des grains.	1,200.
Les dépenses du ménage. . .	1,000.
Les faux frais.	4oo.
Total des dépenses d'exploitation.	7,100.
Or, le revenu net sera de. .	8,120.

Ce revenu est peu considérable ; mais
il faut remarquer que nous supposons
la vente des produits à un taux très-bas.
Si un cultivateur actif entend bien son
travail, sa récolte en froment peut être

plus forte au moins d'un cinquième. Ce ne serait donc pas beaucoup avancer de dire que le revenu net que nous venons de supposer, peut augmenter de moitié, même lorsque les grains sont à un prix très-ordinaire. Mais si le cultivateur a peu d'expérience, s'il est négligent, nous devons dire aussi qu'il pourrait, tout en faisant plus de frais, récolter moins que nous ne le supposons. Au reste, le revenu du propriétaire ne se borne pas à nos calculs, quand sa propriété a été de tous temps bien entretenue. Il peut trouver, par exemple, les arbres des bords des chemins, et ceux des champs en simple pacage, etc., qui lui procurent souvent des recettes extraordinaires fort considérables.

Enfin, pour obtenir un revenu net de huit mille cent vingt francs, que faut-il dépenser pour monter l'exploitation ?

Dans une ferme de quatre charrues,

il faudra pour acheter quatre cents bêtes
à laine , au moins. . . . .   6,000^f

   Pour douze chevaux tout
harnachés. . . . .   6,000.

   Pour bêtes à cornes , vo-
lailles, cochons, etc. . . . .   1,500.

   Pour les voitures , herses,
charrues , etc. . . . .   2,000.

   Pour achat des cent arpens
de blé tout ensemencés. . . . .   7,000.

   Pour les avoines, les prairies
artificielles , etc. . . . .   3,400.

   La dépense pour monter une
ferme de quatre charrues , sera
donc de. . . . .   26,000.

   Si l'on n'achète pas la récolte pen-
dante par racines , on doit penser qu'il
n'en coûtera pas moins pour l'obtenir,
par l'achat des semences , les gages et la
nourriture des domestiques jusqu'au pied
de la récolte.

ERRATA.

Page 20 , ligne 13 : ont répandu , *lisez* ont acquis et répandu.

Même page , ligne 18 : si le système , *ajoutez* trop général et peu restreint.

Page 21 , ligne 7. *Après* sa fortune , *ajoutez* pour l'égaler à celle que possédait ses pères.

Page 40 , ligne 17 : planches , *lisez* planchers.

Page 88 , ligne 20 : l'épuisement de la terre fait naître , au contraire , *lisez* l'épuisement de la terre leur donne bien un peu plus de vigueur ; mais il fait naître aussi.

Page 149 , ligne 2 : orge à deux rangs , *ajoutez* ou marsèche.

Page 166 , ligne 16. *Après* d'automne , *ajoutez* et autres.

Même page , ligne 19. *Après* d'hiver , *ajoutez* ou de printemps.

Page 176 , ligne 16 : se couvre , *lisez* elle se couvre.

Page 212 , ligne 7. *Après* l'usage , *ajoutez* si ce n'est dans la médecine vétérinaire.

Page 241 , ligne 13. *Après* des forges , *ajoutez* quand on peut s'en procurer.

Page 249 , ligne 17. *Après* la plaie , *ajoutez* étant bien lavée.

TABLE
DES CHAPITRES.

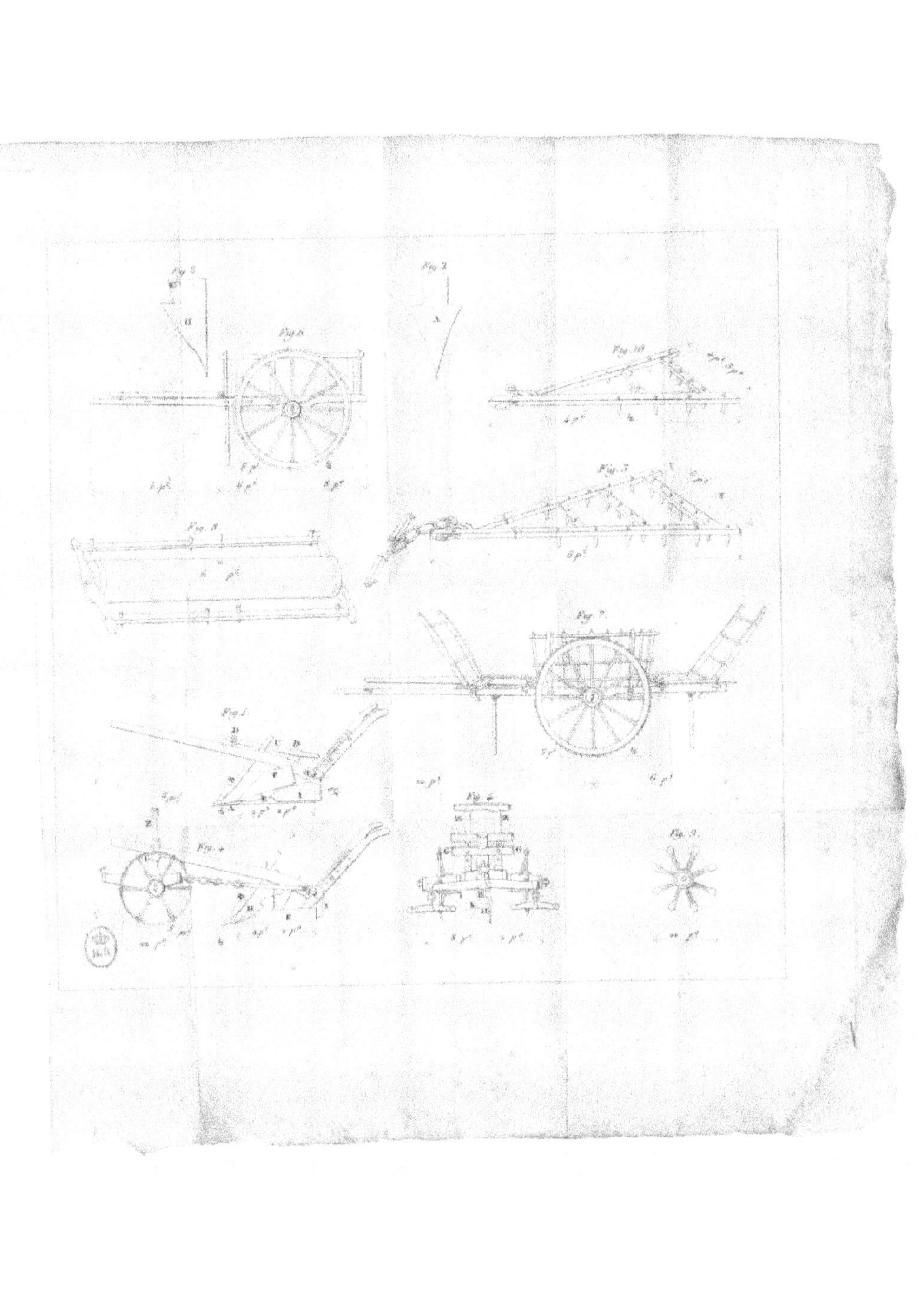